著者简介

普罗吉纳·孔达卡尔

Progyna Khondkar是Mentor Graphics设计验证技术部（DVT）的一名低功耗设计验证专家、高级验证工程师。他拥有功耗验证领域的两项专利和众多出版物。他专注于电子、计算机、信息科学领域的研究，拥有在亚洲顶级大学的学习、科研和教学经历。近15年里，他在世界级ASIC和电子设计自动化（EDA）公司从事软硬件设计、开发、集成、测试和验证工作。他拥有计算机科学博士学位，是IEEE的高级会员，也是*INFORMATION*, IEEE *Transactions on Computer-Aided Design of Integrated Circuit and Systems*, IEEE *Transactions on Computers and Journal of VLSI Design and Verification*（JVLSIDV）等期刊的审稿人和编辑委员会成员。

"一切引发我们想象力的事物都证明上帝的存在。如果我们不能用眼睛看到祂，那是因为祂还不曾让我们的智慧达到如此高度。"

——拿破仑·波拿巴

这本书献给我的家庭以及全世界所有家庭。

低功耗设计与验证

〔波〕普罗吉纳·孔达卡尔 著

周传瑞 译

科学出版社

北京

图字：01-2023-3882号

内 容 简 介

本书提出功耗感知验证的概念和基本原理，结合验证项目介绍多种功耗验证技术、工具及方法，旨在帮助VLSI低功耗设计和验证人员在低功耗领域从零开始积累经验。

本书主要内容包括UPF建模、功耗感知标准库、基于UPF的动态功耗仿真、基于UPF的静态功耗验证等。本书风格简洁实用，面向VLSI低功耗设计和验证领域从初学者到专家的广泛人群。

本书可供电子科学与技术、微电子科学与工程、计算机科学与技术等专业学生阅读，也可作为VLSI低功耗设计和验证领域从业人员的参考用书。

图书在版编目（CIP）数据

低功耗设计与验证/（波）普罗吉纳·孔达卡尔（Progyna Khondkar）著；周传瑞译.—北京：科学出版社，2024.1

书名原文：Low-Power Design and Power-Aware Verification

ISBN 978-7-03-076919-0

Ⅰ.①低⋯　Ⅱ.①普⋯　②周⋯　Ⅲ.①VLSI芯片–电路设计

Ⅳ.①TN470.2

中国版本图书馆CIP数据核字（2023）第218104号

责任编辑：孙力维　杨　凯/责任制作：周　密　魏　谨
责任印制：肖　兴/封面设计：张　凌
北京东方科龙图文有限公司　制作

科 学 出 版 社 出版
北京东黄城根北街16号
邮政编码：100717
http://www.sciencep.com

天津市新科印刷有限公司　印刷
科学出版社发行　各地新华书店经销
*

2024年1月第 一 版　　开本：787×1092　1/16
2024年1月第一次印刷　　印张：11 1/4
字数：204 000

定价：58.00元
（如有印装质量问题，我社负责调换）

致　谢

　　我要向 Ping Yeung、Jean Chapman 和 Jan Johnson 表达真挚的感激之情，他们给了我写这本书的机会。我要向提供宝贵反馈的同事表示感谢，他们 是 Harry Foster，Madhur Bhargava，Gabriel Chidolue，Durgesh Prasad，Vinay Singh，Pankaj Gairola，Joe Hupcey，Koster Rick，Todd Burkholder，Rebecca Granquist，Hany Amr，Mark Handover，Abhishek Ranjan，Allan Gordon，Chuck Seeley，Barry Pangrle，Tom Fitzpatrick，以及其他更多的人。我还要特别感谢 Ferro Melissa 和 Roxanne Carpenter 提供的真诚的支持。此外，我非常感谢我的家庭——我的妻子和儿子，在我写这本书期间给予我的鼓励和支持。

美国，加利福尼亚州，圣何塞

普罗吉纳·孔达卡尔

前　言

低功耗（low-power，LP）设计、功耗感知（power-aware，PA）验证、统一功耗格式（unified power format，UPF，现已成为 IEEE-1801 功耗标准）已经不是新的特性。这些技术和方法，现在已经融入标准的设计 – 验证 – 实现流程（design verification and implementation flows，DVIF）中。现今几乎所有芯片设计，都通过芯片的功耗管理集成某种低功耗技术，通过 UPF 和验证平台将设计分成不同的电压域并控制不同电压。于是，动态功耗和静态功耗，或者动态 – 静态混合功耗验证登场了。

低功耗设计和功耗仿真过程，从设计抽象的寄存器传输级（register transfer lever，RTL）到物理设计的布局布线，涉及数以千计的技术、工具和方法。行业内的工程师、研究员和决策者不断用更好的方法应对日益提升的设计 – 验证复杂度，这些技术、工具和方法也在这个过程中不断迭代更新。

但是，行业内依然缺少关于低功耗设计和功耗仿真技术，以及将它们实际应用于设计 – 验证 – 实现流程的完整知识库，本书则是建立完整的功耗验证知识的第一步。

写一本工程参考书绝非易事，尤其当你期望它是一本视野开阔、饱含学术思想同时又富有实用价值的工程参考书。希望本书的工作能为复杂的低功耗设计和功耗验证流程带来一个完整的一站式平台，让工程师可以从中找到示例和对应的结果，决策者可以从中发现能应用到下一个设计 – 验证项目的合适的技术，研究员可以从中引发新的主题和创意，EDA 验证专家能够提升他们的工具并带来更好的行业实践。

本书面向超大规模集成电路（VLSI）低功耗设计和验证领域从初学者到专家的广泛人群，内容非常实用。但是，还是建议读者在阅读本书之前有扎实的硬件描述语言（hardware description language，HDL）基础，例如 Verilog，SystemVerilog 或者 VHDL。这是因为 UPF 直接从 HDL 里继承了 ports， nets，elements，instances，modules，interfaces，boundaries，hierarchical constructs，scopes，以及更多的概念。而功耗仿真显然是以 HDL 和 UPF 的结合为基础的。

美国，加利福尼亚州，圣何塞

普罗吉纳·孔达卡尔

目 录

第1章 概 述 1

第2章 背 景 3

    2.1 功耗意图 5

    2.2 UPF 简介 6

    本章结语 8

第3章 UPF 建模 9

    3.1 UPF 的基本结构 10

    3.2 持续可细化的 UPF 59

    3.3 可增量细化的 UPF 64

    3.4 层级 UPF 68

    本章结语 73

第4章 功耗感知标准库 75

    4.1 Liberty 功耗管理属性 78

    4.2 功耗感知仿真验证模型库 80

    本章结语 86

第5章 基于 UPF 的动态功耗仿真 87

    5.1 动态功耗验证技术 88

    5.2 动态功耗仿真：基础 89

    5.3 动态功耗仿真：验证特性 91

5.4　动态功耗仿真：验证实践 ································· 94

5.5　动态功耗仿真：库处理 ······························ 97

5.6　动态功耗仿真：验证平台要求 ························· 98

5.7　动态功耗仿真：自定义 PA 验证器和监测器 ·········· 102

5.8　动态功耗仿真：综合后门级仿真 ····················· 105

5.9　动态功耗仿真：仿真结果和调试技术 ················· 110

本章结语 ·· 114

第 6 章　动态功耗仿真覆盖率 ····················· 117

6.1　动态功耗仿真：覆盖率基础 ························· 119

6.2　动态功耗仿真：覆盖率特性 ························· 123

6.3　动态功耗仿真：覆盖率实践 ························· 126

本章结语 ·· 139

第 7 章　基于 UPF 的静态功耗验证 ··············· 141

7.1　静态功耗验证：基础技术 ··························· 142

7.2　静态功耗验证：验证特性 ··························· 144

7.3　静态功耗验证：库处理 ······························ 150

7.4　静态功耗验证：验证实践 ··························· 152

7.5　静态功耗验证：验证结果和调试技术 ················· 155

本章结语 ·· 164

参考文献 ··· 165

第1章 概　述

现在是手持设备的时代，按照标准设计 – 验证流程的要求，所有芯片都要具备低功耗的特性。

问题是怎样实现低功耗？

用电池供电的功能繁多的手持设备和物联网（internet of things，IoT）设备大量增长，迫使集成电路和芯片必须在非常低的功耗下运行，即 100mW ~ 1000mW。即使是可充电的设备，加利福尼亚州能源委员会也规定充电电器必须遵循 2013 年的能效标准。

在半导体制程技术发展到 65nm 及以下的情况下，漏电功耗（与之等价的词是静态功耗）主要是 CMOS 管在无开关动作时的功率泄漏损耗。这在动态功耗的基础上，进一步增加了验证工作的复杂度。

作为一项预防措施，设计工程师会控制芯片的电压，或者将设计分成不同的电压域，以保证最低功耗，以及最终产品能工作在可能的低功耗状态。UPF（IEEE-1801 功耗标准）是专门用于描述电路电源功耗意图的一种语言标准。根据 UPF，我们可以通过控制电压来控制功耗。但是这种控制电压技术或者说低功耗技术，直接挑战了传统的功耗验证技术、工具、方法和流程。低功耗验证技术、工具和方法的发明给设计 – 验证 – 实现流程（DVIF）带来整体革新，降低了低功耗设计的挑战。

本书介绍了多种低功耗验证技术、工具和方法。本书的概念和基本原理建立在许多成功的低功耗设计和验证项目经验之上，同时结合了不同的低功耗技术，参考 IEEE-1801 标准化委员会的经验。

本书的内容是为了庞大的 VLSI 设计和验证社区组织的，希望能够帮助他们在低功耗设计领域从零开始积累专业技能。本书提出的功耗感知验证的概念和基本原理，目的是在设计 – 验证 – 实现流程（DVIF）早期就启用功耗感知验证，并逐渐渗透到整个流程中。当今业界致力于让所有芯片设计都关注功耗，VLSI 设计和验证社区也能从书中实例的经验中获益。

第 2 章　背　景

戈登·摩尔（Gordon Moore）在 1965 年预测，芯片上的晶体管集成度每 2 年就会翻倍。摩尔定律在半个世纪后仍然成立，现在的 VLSI 设计和验证社区应进一步了解半导体物理的基础。能够破解芯片的拥塞问题并使得摩尔定律仍然成立的一个重要原因，是集成电路制造和工艺技术的极大发展。代工厂 TSMC 在 2017 年已经开始用 10nm 及 7nm 工艺技术来生产了。

更先进的工艺技术能以更小的芯片面积、更低的成本集成更多的功能，这无疑是非常有吸引力的。通常说来，技术进步能减少门延迟，从而进一步提升频率，增加晶体管密度，减少每次开关的功率损耗。

但是，这是以漏电功耗的指数级增加为代价的。为了满足更小的晶体管、更小的互连尺寸、更高的频率，CMOS 器件的阈值电压，也就是在源极和漏极之间创建导通路径的栅源极电压差，已经被最小化到了极限。虽然在 FinFET、FlexFET、三栅极晶体管等多栅极器件中部署绝缘体上硅（Silicon on insulator，SoI）带动了一些有前途的工艺集成技术，这些技术可以更好地控制 CMOS 器件的漏电流，同时克服一些短沟道效应，但是常规半导体制造工艺中多栅极器件的集成仍然是一个需要广泛研究的大课题。

半导体物理关于阈值电压的基本理论是，工艺技术的进步使得在之前占主导的动态功耗面前，漏电功耗变得越来越明显。换句话说，漏电功耗是关于阈值电压的函数，在更小的器件尺寸下，漏电功耗在总功耗中的占比会更大。一个 CMOS 电路中总体功率消耗可以表示为漏电功耗和动态功耗之和关于时间 t 的积分：

$$E = \int_0^t \left(CV_{dd}^2 f_c + V_{dd} I_{leak} \right) dt$$

其中，漏电功耗直接来源于器件电源电压和漏电流的乘积：

$$漏电功耗 = V_{dd} I_{leak}$$

动态功耗来源于器件电源电压下容性负载的开关动作：

$$动态功耗 = \alpha CV_{dd}^2 f_c$$

这里，α 为动作因子。

从这些公式可以明显看出，要想最小化动态功耗需要最小化开关电容值和开关动作频率；最小化漏电功耗需要提高阈值电压，同时改进工艺技术。

但是更复杂的工艺会导致更高的漏电功耗，除非在新工艺中加入诸如多栅极器件这样的新发明。

降低器件电源电压 V_{dd} 可以同时控制漏电功耗和动态功耗，这在近几年成为功耗管理的关键点，因为与更依赖晶圆厂的集成电路制造工艺相比，电压是芯片设计和验证工作中更有控制力的设计参数。

过去几十年，许多旨在降低漏电功耗和动态功耗的低功耗技术已经得到应用，包括时钟门控、多阈值器件、体偏置和晶体管尺寸调整。这些技术的应用很广泛，但每种技术都有其局限性和复杂度。现在电源电压成为问题的关键，人们逐渐采用更先进的基于降低或控制电源功率的功耗管理技术。如示例 2.1 所示，目前主流的低功耗技术主要基于片上系统（system on chip，SoC）、ASIC、微控制单元（microcontroller units，MCU）和处理器核心设计。

示例 2.1 主流低功耗技术

（1）电源门控或电源关断。
（2）带状态 / 数据保持功能的电源门控。
（3）带状态 / 数据保持功能的低功耗待机。
（4）面向性能需求的多电压设计。
（5）动态电压（以及频率）调整。
（6）适应电压（以及频率）调整。

尽管这些技术的名称已经足以表达它们在设计 – 验证 – 实现系统中的操作和目标，但是直到 2007 年，UPF 或类似的 CPF[1] 出现之后，这些技术的应用和验证才变为可能。尽管 CPF 不是 IEEE 标准，但是很多 CPF 的语义在 IEEE-1801 委员会标准化 UPF 时起了作用。

2.1 功耗意图

前面列出的主流功耗管理和低功耗技术只是基于对电源电压的直接控制，包括供电电源连接和片上电压域或电源网络的分布。这些都不足以理解和反映功耗感知验证计划或功耗意图，以及在寄存器传输级（register transfer level，RTL）或门级合成之后启动功耗感知验证。

1）CPF，源自 Si2（silicon integration initiatives）组织的通用电源格式规格。

通常来说，用 verilog、VHDL 或者 SystemVerilog（HDL 部分）编写的 RTL 是黄金参考设计，在其中添加电源网络和对应的连接关系是完全非常规的。除非是在设计实现的布局阶段，否则将设计的特定层级划分到指定的电压域是不可能的。很明显，行业面临的问题是缺乏一种方法，这种方法可以在不干扰 HDL 参考设计的前提下，在高抽象层级的 RTL 设计中定义电源连接关系、电压域和电源网络分布。因此，在从 RTL 到布局布线（P&R）的任何设计抽象层级上，通过功耗规范采取任何新的或主流的功耗可控设计技术都是不可能的。此外，对电网连接、电压域分布等的验证也是不可能的，除非在设计实施周期的后期提供布局布线后电源接地（PG）连接网表。

2.2　UPF简介

2007 年年初，Accellera Systems Initiative 组织推出统一功耗格式，也就是 UPF1.0，它允许用户在不直接干扰 HDL 参考设计的前提下，定义、管理设计的功耗。将功耗意图（power intent）直接覆盖在 HDL 参考设计之上，UPF 继承了这一理念。这种覆盖需要通过方法论为实际的电源网络、电压，以及功率域分布和对应的功耗状态进行抽象建模，而不进行直接（设计上）的干预。这些方法基于 RTL 的功耗规范或功耗意图，允许设计者在整个设计过程中，特别是在综合后和布局布线后，不断优化电源域（power domain，PD）中的功耗网络分布。

总体说来，UPF 从设计实现和验证的角度提供了对完整设计进行功耗管理的概念。因此，功耗感知验证和实现的自动化工具也建立在 UPF 语义和语言参考之上。

早期的 UPF1.0 主要从物理设计的角度出发，着眼于电源网络、电源端口、电源网络及其功率状态。这些物理实体在 RTL 或更高层级的抽象设计中大多不存在，除非设计已经经过综合和布局布线（P&R）。这与至少从 RTL 阶段就开始功耗管理和验证的目标相矛盾，也拖慢了这个进程。

2009 年，IEEE 标准组织发布了 IEEE-1801-2009，也就是 UPF2.0，这是第一个真正适用于实现任何抽象层级的功耗意图的标准。UPF2.0 首先提出电源集合的概念，这是一个电源网络的抽象集合，包含电源、接地及偏置，偏置功能反应可能的电源网络与对应设计部分之间的连接。电源集合可以根据设计的抽象层级，由 RTL 层开始逐步优化、逐步扩展以满足不同的功能需求。

除了提出电源集合，IEEE 标准本身也随着时间的推移不断发展，为设计对象（如电源、电源网络，以及设计组、模型和实例的电源状态，统称为对象）提供额外的抽象灵活性。有些内容修订反应在 2013 年 5 月发布的 IEEE1801-2013（即 UPF2.1），而最近的更新可以在 2015 年 12 月发布的 IEEE1801-2015（即 UPF3.0）中找到。

需要注意的是，每次修订的内容不一定向后兼容，每次更新版本的语义和语法表达式通常是之前版本的超集。

一般来说，UPF3.0 或者 UPF 的抽象包含对特定电源域及电源域边界的功耗规范。此外，还指定了电源域或者电源集合的功率和状态（电源是开、关，还是其他可能状态）。根据功耗规范，芯片最终采用的功耗管理和低功耗技术，UPF 还扩展到指定电源域间和电源域内的通信策略。这些策略可能包括隔离器（ISO）、电平转换器（LS）、使能电平转换器（ELS）、常开缓冲器（AOB）、反馈缓冲器或重复器（RPT）、二极管钳位器、保持触发器（RFF）、电源开关（PSW）及与其对应的电源网络和位置细节。简而言之，UPF 是为设计的功耗规范进行建模，并将其转换为功耗感知设计的精确映射。

需要注意，UPF 策略实际上是指特殊的功耗管理多电压（MV）单元或功耗感知（PA）单元，它们通常是在综合和布局布线后物理插入设计中的。

图 2.1 显示了一个 HDL 设计框图。在这些设计模块中，只有部分设计由具有特定设计实例的电源域直接覆盖。

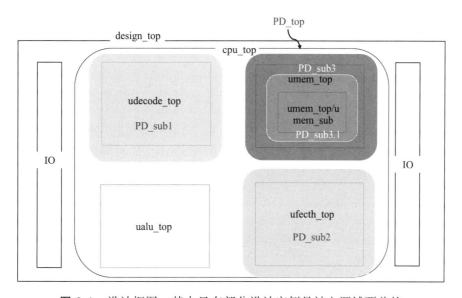

图 2.1 设计框图，其中只有部分设计实例是被电源域覆盖的

图 2.2 展示的是对应图 2.1 的典型 UPF 布局，其中，PD_top 代表默认的 UPF 顶层电源域，cpu_top 设计模块作为元素包含其间。PD_sub1、PD_sub2 和 PD_sub3 电源域以及 PD_sub3.1（PD_sub3 的子电源域）电源域代表具体的设计层级实例，它们包含的元素分别是 udecode_top、ufetch_top、umem_top 和 umem_top/mem_sub。因此，实例 ualu_top 算在默认的 PD_top 电源域。这些电源域还显示了各自的 ON 或 ON-OFF 状态，像 PSW、ISO、LS、ELS（ISO 和 LS 的结合体）和 REF 这样的 UPF 策略也用对应的符号表示。

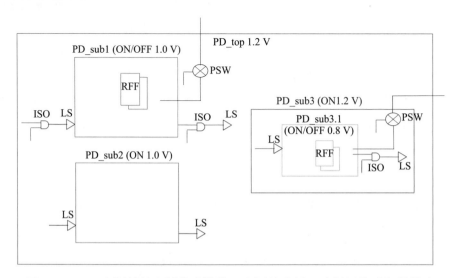

图 2.2　UPF 电源域的底层构建模块、电源域边界、功耗网络及相关策略

本章结语

第 1 章和第 2 章是本书的基础。第 1 章简要概述低功耗设计和功耗验证的概念，第 2 章讲述功耗验证的基础要点，以使读者在全书中理解和运用。第一个要点是主流低功耗技术，第二个要点是功耗意图以及如何通过 UPF 对设计中的电压进行映射与控制，第三个要点是 UPF 的抽象化——设计及电源域的基本概念。

第 3 章　UPF建模

UPF 建模是通向功耗验证世界的入口。本章旨在为读者提供对 UPF 基本架构的理解。基本架构的说明首先着眼于电源域和电源域边界的详细阐述，这些概念直接继承自 HDL（verilog、SystemVerilog 和 VHDL）。基本架构进一步从 UPF 语言参考手册（language reference manual，LRM）和实际应用的角度解释了电源网络、电源状态和电源策略。之后，本章用实例解释 UPF 构造级别的增量式优化方法，流程级别的持续优化，以及 UPF 的层级化。

正如第 2 章所说，UPF 建模包括对设计的功耗规范的精确映射，因此，建模通常始于设计目标，无论是 SoC、ASIC、MCU 还是处理器内核。需要确定适用于设计的功耗管理和低功耗技术。下一个目标是捕捉技术细节，以参数化的形式对应到 HDL 和用户定义变量中，用来构建 UPF 文件。

技术细节通常会指定电源域的数量和名称、电源域中作为组成元素的 HDL 实例、系统的功耗分布网络以及对应的功耗状态，这些是最低要求。从多电源状态或电源域的开关关系、多电压或低功耗待机方面考虑，细节列表还会进一步增长。对应的策略可以从功耗开关（PSW）网络扩展到隔离器（ISO）、电平转换器（LS），包括使能电平转换器（ELS）、重复器（RPT）和保持触发器（RFF）。

功耗规范还阐明了电压开关是在芯片内部还是芯片外部进行，需要用头部开关还是尾部开关，是否需要实际层级路径的 ISO 或 LS 元素，还列出了具有可能的合成名称更改约定的 REF 寄存器文件以及包含所有策略的控制。因此，UPF 建模主要由设计目标以及适用的功耗管理和低功耗技术所决定。

3.1 UPF的基本结构

UPF 是一种功耗管理手段，可以通过不同的低功耗技术将功耗规范的建模和映射形式化到设计中。UPF 架构的基本组成见清单 3.1。

清单 3.1 UPF 架构的基本组成部分

（1）UPF 的设计范畴。

（2）电源域。

（3）电源域接口和电源域边界。

（4）电源和电源网络。

（5）主要电源和地。

（6）功耗状态和功耗操作模式。

（7）功耗策略。

....

UPF 的基本组成部分除清单 3.1 列出的内容，还包含 HDL 设计架构参数带来的扩展。具体而言，设计范畴包括顶层设计模块或层级实例名称，以及限定功耗域的实例层级路径，以定义域的边界。隔离器、电平转换器、电源开关、保持寄存器等功耗策略，也涉及设计或者 HDL 实例、端口，用于推断或插入对应器件并连接控制信号。

对于 UPF 的构建，需要了解 UPF 的语法和语义都是在语言参考手册（LRM）中严格定义的。语法保证了精确的定义，语义保证了所定义结构的固有逻辑和词法含义的一致性。

此外，还需要了解 UPF 是所有功耗设计验证和自动化工具实现的驱动力。这些工具解释并分析 UPF 的基本结构，转换成源极 – 漏极通信模型，用于区域内或区域间通信、策略关联，多电压或功耗单元的推断或插入，损坏模型的部署、调试、结果报告等。工具特定的 UPF 构造解释将在第 5 章、第 6 章和第 7 章中详细讨论。

本章侧重于 UPF 的基本结构和方法，主要基于语言参考手册（LRM），同时涉及不同的设计实现，选择第 2 章提到的不同的低功耗技术。

3.1.1 UPF电源域和电源域边界

如 2.1 节的图 2.1 和图 2.2 所示，cpu_top 设计顶层的电源域定义见示例 3.1。

示例 3.1 电源域定义

set_scope cpu_top
create_power_domain PD_top

这里的 **set_scope** 指定 HDL 层级实例中当前的电源域，而 **create_power_domain** 定义当前电源域的实例集合。尽管示例 3.1 的定义符合 UPF2.0 LRM 规范，但是这个语法没有向后兼容，UPF2.1 中电源域定义必须包含 *-elements*{}。

我们在第 2 章提到，UPF 随着时间的推移不断演变，每个版本不一定向后兼容。新版本通常是之前版本中语义和语法表达式的超集。UPF2.1 和 UPF3.0 标准下电源域定义语法和语义的解释见示例 3.2。

示例 3.2   电源域定义语法

create_power_domain domain_name
[*-atomic*]
[*-elements* element_list]
[*-exclude_elements* exclude_list]
[*-supply* {supply_set_handle [supply_set_ref]}]*
[*-available_supplies* supply_set_ref_list]
[*-define_func_type* {supply_ function pg_type_list}]*
[*-update*]

重新看一下 **create_power_domain** 命令的电源域定义，它定义了一个电源域，并用 *-elements*<elements_list> 定义当前电源域内的实例集合；*-atomic* 选项指定电源域的最小范围；*-exclude_elements* 选项用来过滤、排除 <elements_list> 中的有效实例。

因此，通过应用 *-elements* 和 *-exclude_elements*，UPF 强制性地定义了一个有效元素列表，通常称为 <effective_element_list>。不过，有效元素列表和 <effective_element_list> 都不是 UPF 中的命令和选项。

create_power_domain 命令定义了当前电源域给实例提供电源的电源集合；*-supply* 选项为电源域指定电源集合句柄。一个电源域的电源集合句柄 <supply_set_handle> 可以在不关联电源集合 <supply_set_ref> 的情况下定义。<supply_set_ref> 可以是当前电源域中任意可见的电源集合。如果 <supply_set_ref> 也指定了，<supply_set_handle> 就和 <supply_set_ref> 相关联，见示例 3.3。

示例 3.3   与电源域关联的电源集合

associte_supply_set supply_set_ref
-handle supply_set_handle
-handle 选项也可以引用到电源域
-handle domain_name.supply_set_handle

更多关于电源集合的内容以及相关示例会在后续章节讨论。

`create_power_domain` 的 *-available_supplies* 选项提供当前电源域可用的电源集合列表，这个列表通常用来帮助当前电源域中插入的器件实现电源连接。

-define_func_type 选项指定从电源域主要电源集合的功能到 <pg_type_list> 中的 pg_type 属性的映射。需要注意，pg_type 定义了 ***UPF_pg_type***（或者说 Liberty pg_type）里电源端口的属性，比如 primary_power、primary_ground、nwell 等，这部分会在第 4 章讨论。这个映射决定了当前电源域内主要电源网络和 HDL 设计实例之间如何进行自动连接。

-update 是与电源域多种参数持续优化相关的选项，也可以在后期的设计实现阶段用来为已创建的电源域添加电源和元素。

这里需要注意，通用的电源域定义语法和语义也有变化，清单 3.2 中的选项已经弃用。

清单 3.2 create_power_domain 弃用的选项

[*-include_scope*]

[*-scope* instance_name]

因此，除了要了解 **create_power_domain** 的电源域定义通用语法，还需要了解在语义上强制执行的定义的绑定。由于 UPF2.1 标准已经弃用了清单 3.2 中列出的选项，新的语义要求在指定电源域时必须至少使用一次 *-elements* 选项，具体用法见清单 3.3。

清单 3.3 电源域定义中的 -elements 用法

（1）定义电源域时，可以立即使用 *-elements* 选项。

（2）可以在后续的电源域更新中使用 *-update* 选项时再添加。

如果 <effective_element_list> 是一个空列表，那么工具仍然会强制定义一个名为 <domain_name> 的区域，其内容为空。所以，即使是默认的顶层电源域，也需要提供一个带有效元素的列表，建议按照示例 3.4 的形式进行定义。

示例 3.4 基于 UPF2.1 和 UPF3.0 的电源域定义

set_scope cpu_top

create_power_domain PD_top *-element* {.}

这里的 **-element**{.} 会在电源域 PD_top 的当前作用域（cpu_top）引入所有的子级 HDL 实例。

与之相对，电源域也可以定义为示例 3.5 的形式。

示例 3.5　电源域定义的变化

```
create_power_domain PD_top -elements {udecode_top ulau_
    top ... uN_top}
```

这里电源域 PD_top 不包括 cpu_top，只包括指定的子实例，即 udecode_top、ualu_top... 直到第 *N* 个实例。因此，**create_power_domain** 命令的 <elements_list> 在指定一个实例时，这个实例和所有子实例都被添加到电源域中。不过也有例外，那就是显式添加到另一个电源域的元素列表中的实例。

另外，在这里要重点提一点，UPF LRM 规定了 **-elements**{} 选项后面隐含了 "transitive TRUE" 选项，尽管 --transitive 不是 **create_power_domain** 命令明确定义的选项。下面的示例 3.6 和图 3.1 说明电源域使用 **-elements**{} 和 **-exclude_elements**{} 选项来影响设计元素（也就是 <effective_element_list>）的传递特性。

示例 3.6　电源域中设计元素的传递特性

```
create_power_domain PD_test \
    -elements {A A/C/H} \
    -exclude_elements {A/C A/D}
```

考虑一个这样的设计，当前作用域是 A，A 包含子元素 B、C 和 D；子元素 B 又延伸到子元素 E 和 F，子元素 C 包含子元素 G 和 H，子元素 D 包含子元素 I 和 J。

在示例 3.6 中，由于有隐式存在的 -transitive TRUE 规则，因此，元素的处理可以用图 3.1（b）来表示。这里，**create_power_domain** 命令中指定的元素用方框表示，排除的元素用斜线表示。

最终，由 UPF 设计元素的传递特性得出 <effective_element_list> 为 {A A/B A/B/E A/B/F A/C/H}，如图 3.1（c）所示。

也就是说，设计元素 {A/C A/C/G A/D A/D/I A/D/J} 被排除在最终的 PD_test 电源域之外。

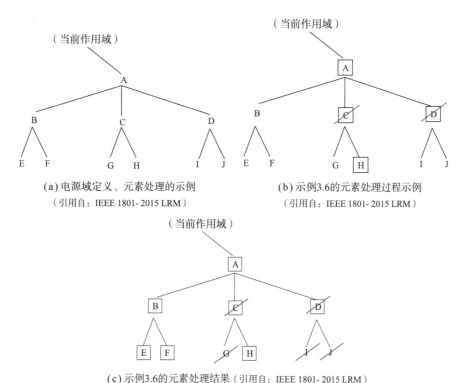

(a) 电源域定义、元素处理的示例
（引用自：IEEE 1801- 2015 LRM）

(b) 示例3.6的元素处理过程示例
（引用自：IEEE 1801- 2015 LRM）

(c) 示例3.6的元素处理结果（引用自：IEEE 1801- 2015 LRM）

图 3.1

从上面的讨论可以明显看出，通过 UPF 的 **create_power_domain** 命令用 *-elements*{} 和 *-exclude_elements*{} 选项指定和排除特定的设计元素，这个电源域的基础概念在建立区域内通信和区域间通信的连通性方面发挥重要作用。

通过 UPF **create_power_domain** 命令和选项建立电源域，同时定义了电源域边界和电源域接口，理解这个过程至关重要。所有 UPF 参数通常都与电源域相关，是围绕电源域边界和电源域接口开发的。具体说来，电源、UPF 策略、逻辑 / 电源端口和线网、对应的连接关系和子区域层的连接关系等，都是通过电源域边界和电源域接口建立的。

通过层次化设计实例中常见的端口信号定义形式，可以更好地解释电源域边界的形成。

电源域边界上的任何端口都具有设计层级中的高层级区域间通信的连通性语义，叫作端口的"HighConn"侧。另一方面，设计层级中的低层级区域间通信的连通性语义，叫作端口的"LowConn"侧。

显然，HighConn 和 LowConn 取决于当前电源域的范围和与之关联的高层级或低层级电源域之间的关系。图 3.2 展示了层级电源域 PD_sub1 和默认顶层电源域 PD_TOP 之间电源域接口的 HighConn 侧端口和 LowConn 侧端口的概念。

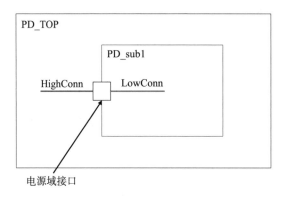

图 3.2 层级电源域 PD_sub1 和默认顶层电源域 PD_TOP 之间
电源域接口的 HighConn 侧端口和 LowConn 侧端口的概念

为了理解 PD_TOP 和 PD_sub1 之间的电源域接口，我们还需要了解它们之间的上下文。如图 3.2 所示，PD_TOP 是 PD_sub1 上下文中的父级电源域，因此，UPF LRM 进一步定义了两个附加术语来建立"电源域接口"的上下文。

在将 PD_TOP 视为 PD_sub1 的父级电源域时，PD_TOP 范围内每个边界实例的 HighConn 侧端口被称为 PD_TOP 电源域的"下边界"。

与之相对的，在将 PD_sub1 视为 PD_TOP 的子级电源域时，PD_sub1 范围内每个边界实例的 LowConn 侧端口被称为 PD_sub1 电源域的"上边界"。

显然，"上边界"和"下边界"就是 PD_TOP 和 PD_sub1 这两个电源域的直接接口。在这里提及电源域边界和电源域接口的 HighConn、LowConn 侧端口概念是很关键的，后续章节介绍的功耗验证方法论大部分是由这个概念主导的。

读者也需要了解，按照清单 3.4 所列标准，一个逻辑端口可以成为源、汇或两者兼备。

清单 3.4 逻辑端口的源 / 汇定义规则

（1）一个输入 / 双向逻辑端口，其 HighConn 侧连接至一个外部驱动器，则其 LowConn 侧为源。

（2）一个输出 / 双向逻辑端口，其 LowConn 侧连接至一个内部驱动器，则其 HighConn 侧为源。

（3）一个输出 / 双向逻辑端口，其 HighConn 侧连接至一个外部接收端，则其 LowConn 侧为汇。

（4）一个输入 / 双向逻辑端口，其 LowConn 侧连接至一个内部接收端，则其 HighConn 侧为汇。

（5）一个连接到驱动的端口，驱动的电源也是这个端口的电源。

....

主要输入端口一般是有外部驱动器的，因此是源；如果没有显示定义 **UPF_driver_supply** 属性，则该端口具有默认的驱动电压。

不连接驱动器的内部端口不是源，在设计中是没有驱动电源的。为了在验证中为这种情况建模，会给这种没有驱动器的端口一个默认的匿名驱动器。这种驱动器总是驱动着无驱动端口，导致端口值的破坏。这部分细节会在第 5 章讨论。

对于连接到一个或多个接收器的逻辑端口，连接的接收器的电源是该端口所有接收器的电源。主要输出端口一般有外部接收器，因此是一个汇；如果没有显示定义 **UPF_receiver_supply** 属性，则该端口具有默认的接收端电压。

不连接接收端的内部端口不是汇，因此，没有接收端电源。要注意对应的 UPF（**UPF_driver_supply** 和 **UPF_receiver_supply**）属性，会在 UPF 建模之后结合相关 UPF 命令来讨论。

除常规电源域之外，还有通过 UPF **create_composite_domain** 命令定义的组合电源域。这种组合电源域通常由一个或多个标记为子电源域的区域组成。对应的语法和语义解释见示例 3.7。

示例 3.7　组合电源域定义语法

create_composite_domain composite_domain_name
[**-subdomains** subdomain_list]
[**-supply** {supply_set_handle [supply_set_ref]}]
[**-update**]

与常规电源域不同，组合电源域没有对应的抽象空间或者实际硅片上的物理区域。**-subdomains**<subdomain_list> 选项是包含子电源域的组合，**-supply** 选项和 **create_power_domain** 中 **-supply** 选项的功能完全相同。

尽管可以为组合电源域配置像功耗状态及 <supply_set_handle> 这样的属性，但是这些属性对于子电源域是无效的。

不过，UPF 有施加于电源域的特定命令，可以对每个 <subdomain_list> 中的子电源域生效。

可用于组合电源域的 UPF 命令见清单 3.5。只要这些命令是合理的，就都会应用到 `<subdomain_list>` 的子电源域中。

清单 3.5　组合电源域的可用 UPF 命令
- **connect_supply_net**
- **map_power_switch**
- **map_retention_cell**
- **set_isolation**
- **set_level_shifter**
- **set_repeater**
- **set_retention**
- **use_interface_cell**（UPF 3.0 版本的 **map_level_shifter_cell** 和 **map_isolation_cell**）

在讨论常规电源域和组合电源域的形成时，清单 3.6 中的 UPF 属性很明显是建立在电源域范畴内。

清单 3.6　电源域范畴内的 UPF 属性
（1）电源。
（2）UPF 策略。
（3）UPF 逻辑端口、电源端口与线网。
（4）对应的连接关系。
（5）子电源域的层级化连接等。

因此，根据示例 3.3，假设将电源域定义为设计元素来限制设计的一部分，首先需要为这个电源域提供一个电源。

UPF/IEEE-1801 LRM 规定，电源域隐含地与一组预定义的主要电源集合和与之对应的句柄相关联。电源集合句柄通常是电源域的电源集合根节点的名称和引用，电源集合句柄可以扩展用于电源开关和其他 UPF 策略。

在电源域范围内，所有设计元素都隐式地通过该电源域的句柄连接到主要电源集合。根据电源架构和配电网络，还可以指定电源集合到局部的电源域。下一节将讨论电源集合、电源集合句柄，以及将电源集合句柄与电源集合相关联和将电源集合与电源网络相关联的机制。

3.1.2 UPF电源和电源网络

结合前文，现在要在电源域上指定电源并建立电源网络，这是很关键的。UPF 通过电源集合和电源集合句柄更方便地在早期规定电源网络，无须等待设计完成后在布局布线阶段才了解电源网络连接的确切细节。

电源集合可以被视作相关电源集合函数的抽象束，电源集合中的每个函数都与电源网络相关联。清单 3.7 列出了 6 个标准电源集合函数。

清单 3.7 UPF 电源集合函数

· **power**

· **ground**

· **nwell**

· **pwell**

· **deepnwell**

· **deeppwell**

除总是需要的 power 和 ground 之外，由 nwell、pwell、deepnwell 和 deeppwell 电源集合函数表示的偏置状态只在特殊情况下用于模拟体偏置来降低漏电功耗。

通常情况下，可以通过示例 3.8 的 UPF 语法实现已定义电源域中电源集合函数和主要电源集合句柄的关联。

这里，**-function** 选项定义电源网络的函数，提供给电源集合；<net_name>是电源网络/电源端口/电源线网句柄的根节点名称，必须在当前作用域内；<function_name>必须是清单 3.7 列出的 6 个标准电源集合函数之一（例如 power，nwell 等）；**-function** 选项将电源集合的 <func_name> 和用户指定的 <supply_net_name> 相关联。

示例 3.8 定义电源集合的 UPF 语法

```
create_supply_set set_name
    [-function {func_name net_name}]*
    [-reference_gnd supply_net_name]
    [-update]
```

需要注意的是，在特定的电源集合 <set_name> 中，同一个 <func_

name> 不能与两个不同的电源线网相关联。<supply_net_name> 可以通过电源线网句柄引用当前作用域中子层级内的电源线网。

-reference_gnd 选项用于定义电源集合中用作参考地端的电源线网的顶层名称。如果不指定这个选项，电压会在无偏置和缩放的情况下进行评估。

-reference_gnd 选项在 UPF3.0 中已经弃用，**-function** 选项或者是带点号 "." 的名称同样可以指定电源线网的参考地，这将在下一节讨论。

-update 选项用来更新通过 -create_supply_set 命令定义的电源集合。也可以用来更新通过 **-create_power_domain** UPF 命令显式或隐式定义的电源集合句柄。不使用 **-update** 选项时，不能引用之前创建的电源集合及其句柄。另外，对于未创建的电源集合及其句柄，使用 **-update** 选项也是不合法的。

同样的限制适用于指定一个之前未被定义的电源集合句柄。示例 3.9 展示了使用示例 3.8 的语法和语义规则定义一个电源集合 VDD1_ss。

示例 3.9　定义电源集合

```
create_supply_set VDD1_ss \
  -function {power} \
  -function {ground} \
  -function {nwell}
```

示例 3.9 定义了带有所需功能规格的电源集合。这个集合需要在 DVIF 后续流程中通过强制的 **-update** 选项将其与确切的电源线网相关联，见示例 3.10。

示例 3.10　已定义的电源集合与电源线网的关联

```
create_supply_set VDD1_ss -update \
  -function {power VDD1_net} \
  -function {ground VSS_net} \
  -function {nwell VNW_net}
```

很明显，电源集合实际上代表了电源线网和设计中对应部分的可能连接。电源集合使得设计人员可以为电源域定义电源。UPF 允许以多种方式为电源域定义电源集合以及相关句柄。

通过 UPF 的 **create_power_domain** 命令和 **-supply** 选项也可以定义并连接电源集合和电源集合句柄。

回顾 1.1 节展示的 **create_power_domain** 语法和语义, 示例 3.9 和示例 3.10 中的电源集合定义和电源集合句柄关联可以进一步更精确地用示例 3.11 的形式表示。

示例 3.11　通过句柄定义电源域并关联电源集合

```
create_power_domain PD_top \
  -supply {primary VDD1_ss}
...
create_power_domain PD_sub2 \
  -supply {primary VDD2_ss}
```

示例 3.12 和示例 3.13 展示了为电源域创建另外的电源集合句柄并通过 **-update** 进行关联。

示例 3.12　定义电源集合的 UPF 语法

```
create_power_domain PD_top \
  -supply {iso_ss} \
  -supply {ret_ss}
```

示例 3.13　定义电源集合的 UPF 语法

```
create_power_domain PD_top -update \
  -supply {primary VDD1_ss} \
  -supply {isolation VDD2_ss} \
  -supply {retention VDD2_ss}
```

电源集合句柄通常被视为本地电源集合, 除针对电源域之外, 还可以为 PSW、ISO、LS、ELS 和 REF 等策略定义电源集合句柄。示例 3.14 和示例 3.15 是为 ISO 策略定义电源集合句柄的例子。

示例 3.14　ISO 策略的电源集合句柄

```
create_power_domain PD_mem_ctrl -elements {mc0}
# Designate actual supply sets for isolation supplies of PD_mem_ctrl
associate_supply_set VDD_top_ss -handle PD_mem_ctrl.isolate_ss
```

示例 3.15　ISO 策略的电源集合句柄的其他形式

```
create_power_domain PD_mem_ctrl -update \
  -supply { retain_ss } \
  -supply { isolate_ss }
# Designate actual supply sets for isolation supplies
set_isolation mem_ctrl_iso_1 \
  -domain PD_mem_ctrl \
  -isolation_supply_set PD_mem_ctrl.isolate_ss \
  -clamp_value 1 \
  -elements {mc0/ceb mc0/web} \
  -isolation_signal mc_iso \
  -isolation_sense high
```

不过，电源集合定义和句柄关联最直接的形式是显式引用电源域和电源集合函数，比如

```
associate_supply_set VDD_top_ss -handle PD_mem_ctrl.isolate_ss
```

或者

```
-isolation_supply_set PD_mem_ctrl.isolate_ss
```

也就是示例 3.14 和示例 3.15 中展示的两个例子。

基于目前的示例和讨论，进一步展示定义电源集合的其他形式，见示例 3.16 和示例 3.17。

示例 3.16　电源集合定义的其他形式

```
create_supply_set VDD1_ss
create_supply_set VDD2_ss
create_supply_set VDD1_sw_ss
```

示例 3.17　在电源域中通过电源集合句柄进行电源集合关联

```
associate_supply_set VDD1_ss -handle PD_top.primary
associate_supply_set VDD2_ss -handle PD_sub2.primary
associate_supply_set VDD1_sw_ss -handle PD_sub1.primary
```

这里的 **associate_supply_set** 命令可以关联两个或更多的电源集合。电源集合关联隐式地连接了对应的函数，并且让它们在电气上等效。

显式的 **-handle** 句柄是电源域、电源开关或其他策略中电源集合的顶层名称，是以当前活动作用域中根节点的名称命名的。允许将电源域与不同作用域的电源集合相关联，方法是将活动作用域设置为电源集合、电源域或策略都可见的范围。

示例 3.18 展示了 UPF LRM 中推荐的电源集合句柄使用的一些例子。

示例 3.18 UPF LRM 推荐的电源集合句柄用法

（1）电源域中预定义的电源集合句柄为 <domain_name>.**primary**。允许在电源域中为用户定义的电源集合配置句柄。

（2）电源开关 switch_name 的预定义电源集合句柄为 <switch_name>.**supply**。注意，UPF 3.0 LRM 将这里的 **supply** 指定为 **switch_supply**。

（3）在只有一个隔离电源域的情况下，电源域 domain_name 中隔离单元策略 isolation_name 的预定义电源集合句柄为 <domain_name>.<isolation_name>.**isolation_supply_set**；如果有多个隔离电源域，则句柄为 <domain_name>.<isolation_name>.**isolation_supply_set**[index]，这里的索引 index 从 0 开始。注意，在 UPF 3.0 LRM 中这里的 **isolation_supply_set** 是 **isolation_supply**。

（4）电源域 domain_name 中电平转换器策略 level_shifter_name 的预定义电源集合句柄为：

- <domain_name>.<level_shifter_name>.**input_supply_set**
- <domain_name>.<level_shifter_name>.**output_supply_set**
- <domain_name>.<level_shifter_name>.**intetrnel_supply_set**

注意，UPF3.0 LRM 中预定义电平转换器策略句柄分别是 **input_supply**，**output_supply** 和 **internal_supply**。

（5）电源域 domain_name 中保持器策略 retention_supply_set 的预定义电源集合句柄为 <domain_name>.<retention_name>.**retention_supply_set**。注意，在 UPF 3.0 LRM 中这里的 **retention_supply_set** 是 **retention_supply**。

这里有个重点要清楚，在电源域中用点号"**.**"引用或者用"点分隔名"表示的预定义电源集合句柄（比如 PSW、ISO、LS、RFF 等），可以不是形如 **.supply** 或者 **.switch_supply** 的形式。

这 些 不 是 从 **create_power_domain**、**create_power_switch**、**set_isolation** 这样的命令定义中来的。它们被称为"记录字段名称"，保留在特定上下文中。这些"记录"由一个名称和一组 0 或多个值组成。记录字段名称存在于 UPF 对象的局部命名空间，比如，一个电源域可以有策略和句柄，策略也可以有自己的句柄。

同时也要清楚，在实际电源语法命令里的预定义句柄用点号"."引用也是可行的，比如：

```
<domain_name>.<retention_name>.retention_supply_set
```

这也是示例 3.18 中 **set_retention** 命令的一部分：

```
[-retention_supply_set ret_supply_set]
```

由此可以总结出，电源集合句柄是带点号"."的层级名，可以引用至定义在电源域的电源集合、关联到 UPF 策略的电源集合、关联到电源域的电源集合，以及电源集合的功能函数。有很多种定义电源集合以及关联电源集合句柄的方法，见清单 3.8。

清单 3.8　定义电源集合以及关联电源集合句柄的不同方法

（1）在 **create_supply_set** 中使用 *-function* 选项。

（2）在 **create_supply_set** 中使用 *-function* 和 *-update* 选项。

（3）在 **create_power_domain** 中使用 *-supply* 选项。

（4）在 **create_power_domain** 中使用 *-supply* 和 *-update* 选项。

（5）在 **create_supply_set** 和 **associate_supply_set** 中使用 *-handle* 选项。

（6）带点号"."引用名或者"记录字段名称"的电源集合句柄。

从本节的讨论中可以明显地看出，为电源域和设计元素定义电源会显式地影响 UPF 策略（比如 ISO、LS 等）中的电源网络分布。显然，电源域一经定义，电源域上的电源一旦施加，UPF 策略就被引入。后面的章节中，会分别从语法、语义和实现的角度来解释 UPF 策略。在讨论 UPF 策略之前，需要先定义和解释 UPF 电源状态。

3.1.3　UPF电源状态

UPF 建模中的第三个关键参数是 UPF 策略。在电源域中，UPF 策略实际上基于电源的电源状态。这是显而易见的，比如在一个断电的电源域和一个上电的电源域之间需要一个 ISO 单元隔离不明状态的传播；而对应电源域的开关状态是通过电源域电源的电源状态来显示的。在 3.1.4 节深入 UPF 电源策略的细节之前，我们在本节讨论 UPF 电源状态。

3.1 UPF 的基本结构 | 25

实际上，UPF 电源状态是整个 UPF 建模和功耗验证的核心。电源状态通过 UPF **add_power_state** 命令定义，一个对象可以定义一个或多个电源状态。该对象可以是电源域、电源集合、组合域、组合、组合模型和组合实例。

值得一提的是，通过 **add_port_state**、**add_pst_state** 和 **create_pst** 命令组合构建的电源状态表（PST）也可以表示电源状态。不过这些命令在 UPF2.1 LRM 和后续标准中被视为过时功能，因为它们对于电源集合的协调存在局限；具体而言，PST 状态是基于电源线网定义的，电源线网通常在设计抽象的综合和布局布线之后才是可用的。此外，通过 DVIF 等细化 PST 状态的 UPF 方法目前还不存在。

示例 3.19 通过 **add_power_state** 命令展示 UPF 电源状态语法。

示例 3.19　UPF 电源状态语法

add_power_state *object_name*
[**-supply** | **-domain**]
[**-state** {*state_name*}]
[**-supply_expr** {*boolean_expression*}]
[**-logic_expr** {*boolean_expression*}]
[**-simstate** *simstate*]
[**-legal** | **-illegal**]}]*
[**-complete**]
[**-update**]

正如之前提到的，**add_power_state** 命令为一个对象定义一个或多个电源状态，每个电源状态都是独立于其他电源状态定义的。两个不同的电源状态可能具有相交或重叠的 *-supply_expr* 和 / 或 *-logic_expr* 表达式。这样的状态可能具有不同的合法性。

电源域或者电源集合可能与多个电源状态相匹配。这样的话，对象（也就是电源域或者电源集合）通常是通过 *-domain* 或者 *-supply* 选项来引用，通过 <object_name> 定义的电源状态根据对象类型的不同遵守 UPF LRM 的特定规则。

清单 3.9 初步总结了这些规则。

清单 3.9　依赖于对象类型的 UPF 电源状态 <object_name>

（1）如果指定了 *-supply* 选项，<object_name> 必须是电源集合或者电源集合句柄的名称。

（2）如果指定了 *-domain* 选项，<object_name> 必须是电源域的名称。

（3）如果不是上面两种情况，<object_name> 的类型取决于使用的命令。

还有重要的一点，UPF 3.0 LRM 定义了 *group*、*model* 和 *instance* 作为对象，和 *-supply*、-domain 组合使用。对应这些对象的 <object_name> 也有与清单 3.9 类似的规则。

在 UPF 语法中，**add_power_state** 用于为对象添加电源状态。示例 3.19 展示了这种电源状态语法的功能和语义，我们通过图 3.3 展示的 ARM SoC 设计示例来解释。

这个 SoC 示例由 4 个 CPU 组成，分成 2 个 CPU 集群，每个集群包含 2 个 CPU 内核。默认的顶层电源域为 PD_SOC。在 SoC 层，有 A 和 B 两个集群，还有一个系统功耗控制单元（system power control unit，SPCU）。系统功耗控制单元是电源域 PD_SPCU。设计中还有互连总线以及其他 IP。

一个集群内的 CPU 共享存储器 L2，每个 CPU 有各自的存储器 L1。这些存储器是独立的电源域 PD_L2 和 PD_L1。

此外，每个 CPU 集群也是一个电源域，如 PD_COREA。每个集群还有一个次级"功耗控制单元"，如 PD_PCUA 电源域的 PCU。当 PD_COREA 关断（OFF）时，PD_CPUA0 和 PD_CPUA1 电源域也随之关断（OFF）。共享的存储器 L2 在任意 CPU 上电（ON）时也会上电（ON）。集群级的电源域 PD_COREA 有 ON、OFF、RET、MEM_RET 等电源状态，而内核级的 CPU 电源域 PD_CPUA0 有 ON、OFF、RET 等电源状态。

图 3.3 明确地展示了设计层级以及电源域的边界。

根据目前的讨论，为了从 CPU 集群开始用 **add_power_state** 定义 SoC 的电源状态，推荐的方法见清单 3.10。

这种层级组合的形式让 SoC 架构师可以将相关 IP（包括第三方 IP）的电源状态与系统级电源状态关联起来，这会在后续章节展开讨论。

基于清单 3.10 的推荐方法，通过电源集合句柄（PD_CPUA0.*primary*）为 CPU 集群 A 中电源域 PD_CPU0 的电源集合定义电源状态，见示例 3.20。

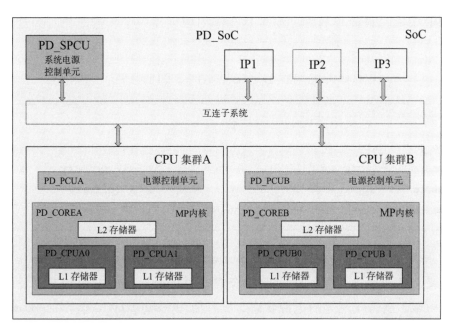

图 3.3 ARM SoC 示例

清单 3.10 为任意设计定义电源状态的推荐方法

（1）为电源域的电源集合创建电源状态。

（2）根据电源集合创建电源域的电源状态，以及相关电源域的电源状态。

示例 3.20 定义电源集合的电源状态

```
add_power_state PD_CPUA0.primary \
  -state {ON -simstate NORMAL -logic_expr {pwr_ctrl==1}
    -supply_expr {power=={FULL_ON,1.0} && ground=={FULL_ON,0}}}
  -state {OFF -simstate CORRUPT -logic_expr {pwr_ctrl==0}
    -supply_expr {power==OFF && ground=={FULL_ON,0}}}
```

可以通过 *-logic_expr*、*-supply_expr* 和 *-simstate* 选项为电源集合定义 **add_power_state**。这里的逻辑表达式是基于逻辑端口、逻辑线网、中间函数、电源集合或者电源集合句柄（比如 PD_CPUA0.*primary*）的电源状态定义的布尔表达式。电源表达式也是布尔表达式，可以引用可用的电源线网、电源端口，以及电源集合或者电源集合句柄的函数。

示例 3.20 使用示例 3.19 中的 *-state*<state_name> 定义电源状态的名称，这个电源状态名称可能会随着设计 – 验证 – 实现流程（DVIF）的推进而细化。

UPF 中的这种简单名称，通常是在作用域创建一个新的对象时为这个对象命名的。

PD_CPUA0 电源域的电源状态定义见示例 3.21。

示例 3.21　定义电源域的电源状态

add_power_state PD_CPUA0 \
-state {ON **-logic_expr** {PD_CPUA0.aon==ON && PD_CPUA0.**primary**==ON}}
-state {RET **-logic_expr** {PD_CPUA0.aon==ON && PD_CPUA0.**primary**==OFF}}
-state {OFF **-logic_expr** {PD_CPUA0.aon==ON && PD_CPUA0.**primary**==OFF}}

在示例 3.21 中，电源域的 **add_power_state** 状态只用 **-logic_expr** 选项来定义，这个表达式仅基于电源集合或电源集合句柄的电源状态以及较低级别的电源域、逻辑线网等的电源状态，没有使用 **-supply_expr** 和 **-simstate** 选项。

通过示例 3.21，可以看出 **logic_expr** 和 **supply_expr** 分别代表设计的逻辑和条件，它们使得电源状态变为（或保持）活动状态。

通过示例 3.20，可以看出 **-simstate** 选项有独特之处，它指定了电源域的逻辑表达式与电源相关的行为，并隐式地关联到电源集合。因此，**-simstate** 在功耗分析验证中发挥重要作用。当一个电源集合的 **-simstate** 是给定电源域的主要电源时，它实际上决定了该电源域中所有设计元素的仿真行为。

-supply_expr 选项指定一个布尔表达式，该表达式基于电源端口、电源线网和电源集合句柄函数来定义。

类似的，**-logic_expr** 选项指定的布尔表达式是基于逻辑线网和（或）电源集合的电源状态，以及（或）电源域的电源状态来定义。

-simstate 选项为与电源集合关联的电源状态指定仿真状态。**-simstate** <simstate> 定义基于 RTL 的设计 – 验证 – 实现流程（DVIF）的早期仿真状态。

当一个电源集合的 **-simstate** 是指定电源域的主要电源时，它实际上决定了该电源域中所有设计元素的仿真行为。**-simstate** 的有效值范围是从 NORMAL 到 CORRUPT，中间值具有特定的意义，对可能导致崩坏的仿真更改具有更高的敏感性。崩坏的语义会在第 5 章讨论。清单 3.11 展示了 **-simstate** 状态的有效值。

清单 3.11　**-simstate** 状态的有效值

· NORMAL

· CORRUPT_ON_CHANGE

· CORRUPT_STATE_ON_CHANGE

· CORRUPT_STATE_ON_ACTIVITY

· CORRUPT_ON_ACTIVITY

· CORRUPT

· NOT_NORMAL

-simstate 的 NOT_NORMAL 状态提供了进一步通过 **add_power_state -update** 命令为其他 *-simstate* 状态（除了 NORMAL 之外）进行增量细化的灵活性。关于 UPF 逐步细化的详细讨论在后续内容中展开。关于 *-simstate* 的状态，还有两个额外的预定义（默认）电源状态，UNDEFINED 和 ERROR。

见示例 3.22，这些 *-simstate* 状态是为每个电源集合或所有 UPF 对象定义的。定义电源集合时如果没有添加 *-simstate*，则其状态变为 UNDEFINED；只有当 *-simstate* 为 CORRUPT 时，ERROR 状态才会出现。实际上，UNDEFINED 和 ERROR 状态是 UPF 3.0 LRM 中的语义。UPF 2.1 LRM 不指定 UNDEFINED；相反，它指定默认值 DEFAULT_NORMAL，这代表了一个显著不同的使用视角，特别是在动态仿真方面。而 UPF 2.1 LRM 为 ERROR（或者 CORRUPT）状态指定了一个名为 DEFAULT_CORRUPT 的状态值。

示例 3.22　**-simstate** 的定义和应用

```
#Without -supply or -logic_expr
add_power_state PD_COREA.primary -supply \
  -state {TOP_ON -simstate NORMAL} \
  -state {TOP_OFF -simstate CORRUPT}
#With -supply_expr
add_power_state PD_COREA.primary -supply -update \
  -state{TOP_ON -supply_expr {power=={FULL_ON 0.81} && ground==
    {FULL_ON 0.00}}} \
  -state{TOP_OFF -supply_expr {power=={OFF}}}
#With -logic_expr
add_power_state PD_COREA.primary -supply -update \
```

```
    -state {TOP_ON -logic_expr {nPWRUP_CPU0==0}} \
    -state {TOP_OFF -logic_expr {nPWRUP_CPU0==1}}
#With -simstate NORMAL, CORRUPT and with both the -logic_expr
    and -supply_expr
add_power_state PD_COREA.primary -supply \
    -state {TOP_ON -simstate NORMAL -supply_expr {power == FULL_ON
    && ground == FULL_ON}}\
```

在此，电源状态指定为由逻辑表达式、供电表达式和 **-simstate** 组成的状态名。示例 3.19 中更多的电源状态选项将在下面讨论。

-complete 选项表示所有对象的基础电源状态都已经完全定义。意味着所有合法的电源状态都已定义，并且任何不符合定义状态的对象状态都被视为非法状态。

-update 选项为先前定义的具有相同 <object_name> 的电源状态提供了附加信息，同时会在同一范围内执行。因此，可以为电源域或电源集合定义一组电源状态，并通过 **-update** 逐步细化。

用 **-supply_expr** 或 **-logic_expr** 定义电源状态，并通过更新用另一个 **-supply_expr** 或 **-logic_expr** 进一步增量细化时，这个定义成为两个表达式的与结合，见示例 3.23。

示例 3.23　经过增量细化的 **-supply_expr** 和 **-logic_expr**

```
supply_expr' = (previous -supply_expr) && (-update -supply_expr)
logic_expr' = (previous -logic_expr) && (-update -logic_expr)
```

示例 3.23 清楚地表明，电源状态的增量细化概念（在后续内容中进一步讨论）是指允许通过其对象对已定义的电源状态进行细化。增量细化从 RTL 开始，通过约束、配置和实现 UPF（在后续内容中讨论），导出不同设计抽象层级的功率状态集，并适用于电源网表。

通常，UPF LRM 将任何电源状态指定为命名电源状态（named power state），该状态使用电源集合和电源域的 **add_power_state** 选项定义。此外，还可以通过清单 3.12 的 UPF 属性来定义命名电源状态。

清单 3.12　用于定义命名电源状态的 UPF 属性

（1）组合域。

（2）组。

（3）模型或实例。

（4）电源集合中带有 ON 和 OFF 状态的预定义电源状态。

（5）所有具有电源状态的对象的预定义电源状态，包括 UNDEFINED 和 ERROR 状态。

同样重要的是要了解，也可以用 **add_port_state** 或 **add_pst_state** 为电源集合或电源域定义命名电源状态。

示例 3.24 展示了通过 **add_power_state** 定义的命名电源状态。

示例 3.24　定义命名电源状态

```
add_power_state PD_CPUA0.primary -supply \
  -state {UNDEFINED -logic_expr {PD_CPUA0.primary != ON && PD_CPUA0.
    primary != OFF}} \
  -state {ON -simstate NORMAL \
  -supply_expr {power == FULL_ON && ground == FULL_ON}} \
  -state {OFF -simstate CORRUPT \
  -state {ERROR -simstate CORRUPT \
  -logic_expr {PD_CPUA0.primary == ON && PD_CPUA0.primary == OFF}}
```

示例 3.24 展示的电源域 PD_CPUA0 命名电源状态的构建由 **-logic_expr** 和 **-supply_expr** 组成，这个电源域的主要电源集合通过 PD_CPUA0. **primary** 句柄指定。

此外值得注意的是，对于电源或者电源集合的状态值，UPF 规定须使用清单 3.13 中的值。

清单 3.13　电源集合的状态值

· OFF

· UNDETERMINED

· PARTIAL_ON

· FULL_ON

状态值表示对象成为提供电源的根电源的能力。除命名电源状态之外，UPF LRM 进一步定义了基本电源状态（fundamental power state），它不是对象的任何其他电源状态增量细化的产物。

对于给定的对象，基本电源状态是互斥的，并且不引用该对象的任何其他电源状态。示例 3.25 按照 UPF 允许的用于定义命名电源状态的属性，来解释对象（即电源域 PD_CPUA0）的基本电源状态的根电源。

示例 3.25　基本电源状态示例

```
add_power_state PD_CPUA0 -domain \
    -state {UNDEFINED -logic_expr {PD_CPUA0 != RUN && PD_CPUA0 !=SHD}} \
    -state {RUN -logic_expr {primary == ON}} \
    -state {SHD -logic_expr {primary == OFF}} \
    -state {ERROR -logic_expr {PD_CPUA0 == RUN && PD_CPUA0 == SHD}}
```

因此，基本电源状态就是命名电源状态。这个示例解释了 PD_CPUA0 电源域的电源状态 UNDEFINED、ERROR 和另外两个电源状态 RUN、SHD，这些状态在此时还未细化。预定义的电源状态 UNDEFINED、ERROR 表示对象的电源状态定义集合不一致或不完整。UPF 3.0 LRM 通过清单 3.14 中的指南限制基本电源状态的激活。

....

清单 3.14　指定基本电源状态的 UPF 指南

（1）只要对对象的基本电源状态进行细化，基本电源状态将保持激活。

（2）同一个电源状态的两种不同细化必须是互斥的。

（3）两种应该互斥的状态同时激活时，预定义的 ERROR 状态可用于表示这种错误状态。

（4）同一个对象的两个不同的基本状态，或者同一个电源状态的两种不同细化同时激活时，对象的当前电源状态被视为 ERROR 状态。

（5）同一个对象的两个基本电源状态不能同时激活。

（6）电源状态被标记为完成后，不允许定义新的基本电源状态。

....

通过 -update 选项对基本电源状态进行细化要考虑多个因素，包括细化的可能性，细化状态的互斥、重叠或非互斥、联结以及拆分。

基本电源状态细化概念扩展了 UPF 规范，同时将相关功耗验证的边界扩展到 RTL 设计的早期阶段，并允许在设计的任何抽象层级进行验证。这个概念允许通过对象按需细化一个已定义的电源状态，并为从 RTL 到电源网表的不同设计抽象层级抽取出电源状态的集合。细化概念实际上源于基本电源状态的定义及其蕴含的准则。清单 3.15 展示了细化电源状态的概念集合。

清单 3.15　细化电源状态的概念集合

（1）确定电源状态。

（2）延迟电源状态。

（3）不确定电源状态。

之后的示例会给出清单 3.15 中细化概念集合的定义和解释。

1. 确定电源状态

确定电源状态的定义表达式（如 *-logic_expr* {}）是单个表达式或者多个表达式的结合（比如用 "&&" 运算符），其中每个表达式都是以下情况之一：

（1）设计中信号的布尔表达式。

（2）<object>==<state> 形式的表达式，其中 <object> 是为电源状态定义的对象名称，<state> 是 <object> 确定电源状态的名称。

下面用示例 3.26 来解释这个定义。

示例 3.26　确定电源状态示例

```
# Definite power state for power domain
add_power_state PD_COREA -domain \
  -state {RUN -logic_expr {primary == ON}} \
  -state {SHD -logic_expr {primary == OFF}}
# Definite Power State with Design Signals or Controls in Logic
    Expression
add_power_state PD_COREA \
  -state ON_HIGH {-logic_expr {(PD_COREA.primary == RUN && PD_CPUA0.
primary == INT_ON && PD_L2.primary == RAM_ON && MCTL_ON == 1'b0)}}
```

基于示例 3.26 可以得出结论，确定电源状态定义表达式由单个或多个表达式组成，这些表达式可以用 <object>==<state> 的形式构造，也可以基于设计中的信号或者其他电源域状态的布尔表达式。需要注意一点，未指定 *-simstate* 时，验证工具会把表达式视为 NORMAL。但是，对 UPF 策略（比

如隔离分析）来说，UPF 实现和 *-simstate* 都是需要的，在后续章节会进一步讨论。

2. 延迟电源状态

如果一个命名电源状态没有定义表达式（也就是没有 *-logic_expr* { } ），那它就是延迟的。这里的"延迟"状态定义表达式取决于精确的设计实现参数，并且直到设计抽象的后期仍然是延迟的。延迟电源状态最终会通过被称为就地细化的过程（通过 **-add_power_state** 命令的 *-update* 选项）更新解析为确定电源状态。示例 3.27 展示了延迟电源状态的定义。

示例 3.27　延迟电源状态的定义

```
add_power_state PD_COREA.primary -supply \
  -state {RUN -simstate NORMAL} \
  -state {SHD -simstate CORRUPT}
```

延迟电源状态只包含 *-state* 选项指定的状态名以及 *-simstate* 选项指定的仿真行为推测。示例 3.27 中的延迟电源状态可能更适合用示例 3.19 中的 **power_expr** <power_expression> 语法来描述。*-power_expr* 选项指定对象（PD_COREA）在延迟电源状态的功耗或者计算功耗的函数。UPF 3.0 LRM 规定功耗表达式只能在延迟电源状态指定。示例 3.28 展示了更细化的延迟电源状态定义。

示例 3.28　更细化的延迟电源状态定义

```
add_power_state PD_COREA.primary \
  -state ON {-logic_expr {ln3 == 1} -simstate NORMAL} \
  -state SHD {-logic_expr {ln3 == 0} -simstate CORRUPT}
```

示例 3.28 中，电源域 PD_COREA 的延迟电源状态通过设计控制信号和 *-simstate* 来标记完整的电源状态。

在延迟电源状态中，为了定义 *-logic_expr* 和 *-supply_expr* 中的布尔表达式，电压值、电源线网的确切名称以及相关物理和工艺参数（比如电源开关等）通常在设计的实现阶段（综合或者后综合层级）才是可用的。*-simstate* 对于延迟电源状态和 HDL 信号表达式同样重要，特别是对于 UPF 策略分析，直到实现 UPF 可用。

3. 不确定电源状态

不确定电源状态是指既不是确定电源状态也不是延迟电源状态的电源状态，见示例 3.29。

示例 3.29　不确定电源状态示例

```
add_power_state PD_COREA -domain \
  -state {UNDEFINED -logic_expr {PD_COREA != RUN && PD_COREA != SHD}}
```

从示例 3.29 的不确定电源状态可以看出，指定电源状态为 UNDEFINED 的布尔表达式 **-logic_expr**{PD_COREA != RUN && PD_COREA != SHD} 是无法为真的。同时一般情况下，不确定电源状态通常用 <object>!=<state> 的不等表达式来构造。

很明显，确定电源状态（以及不确定电源状态）对应设计中较高抽象层级的状态细化，延迟电源状态对应较低抽象层级的状态细化。这是因为在较高抽象层级上，对象在开始时默认保持未定义，除非使用明确的电源状态定义。但是一旦进行定义，该对象基于原始定义的确定电源状态就可以通过推导或者通过全新的状态或子状态定义来进行细化（实际上是通过更新 **-logic_expr** 中的表达式）。

示例 3.30、示例 3.31 和示例 3.32 解释了衍生细化和立即细化，它们分别用于为确定电源状态和延迟电源状态进行定义和建模。

示例 3.30　衍生细化：用于确定电源状态

```
# Definite power state Refinement for power domain
add_power_state PD_COREA -domain -update \
-state NEW_RUN {-logic_expr \
{(power == {FULL_ON, 1.1}) && (ground == {FULL_ON, 0.0})}}
```

回顾示例 3.26 中的确定电源状态，之前的 **-state**{RUN -logic_expr {primary== ON}} 现在更新为示例 3.30 中的 **-state** NEW_RUN {(...) &&(...)}。这种形式是基于之前的电源状态来定义一个新的电源状态，使用新的 **-state** 名称并更新 **-logic_expr**。

对于示例 3.26 中的确定电源状态（即逻辑表达式中包含设计信号或者控制逻辑），下面给出另外一个基于包含逻辑 / 控制信号的 **-logic_expr** 的衍生细化示例。

示例 3.31　另一种衍生细化：用于确定电源状态

```
# Definite Power State Refinement with Design Signals or Controls in
  Logic Expression
add_power_state PD_COREA.primary -supply -update \
-state ON.ON_STATE {-logic_expr {(PD_COREA.primary == RUN &&
MCTL_ON ==1'b1)}}
```

这里可以明确得知，通过衍生细化保留原始电源状态的定义，避免其他命令引用这个电源状态时出现意料之外的语义变化。这种形式的细化造成结构层次的细化，其中，抽象状态被细化出更具体的状态。因此，衍生细化增强了由抽象状态创建重叠／非互斥的新的独立电源状态的能力。

示例 3.32　立即细化：用于延迟电源状态

```
add_power_state PD_COREA.primary -supply -update\
  -state {RUN -logic_expr {nPWRUP_CON==1'b0}}
```

相比之下，立即细化比较接近 **add_power_state** 命名中 **-update** 选项的作用，或者 UPF LRM 中指定的 **create_power_domain** 的用法。但是，这里使用 **-update** 更新电源状态意味着它实际上修改了原始的定义，而不是创建新的定义或新的电源状态。

延迟电源状态最终会在设计－验证－实现流程（DVIF）中演变为确定电源状态，这种演变只有在确定电源状态的固有含义的前提下才成立。

即使经过细化，延迟电源状态的物理实体仍然是不一样的，主要有两个原因。第一，将延迟电源状态细化为确定电源状态并不会为电源集合、电源域或其他对象创建任何新的状态；第二，互斥条件的边界以及原始状态与细化状态之间的转换是模糊的。

这样的细化给静态功耗验证中的布尔表达式分析添加了额外的压力。实际上，电源状态细化方法鼓励用户定义互斥的电源状态。静态或动态验证工具只能验证确定电源状态到确定电源状态、延迟电源状态到确定电源状态的细化是否提供了预期结果。不确定电源状态不属于延迟电源状态或确定电源状态。因此，不确定电源状态无法进行细化，通常建议在 UPF 建模中不要使用不确定电源状态。

显而易见的问题出现了，如果不确定电源状态不建议也不需要使用，那么

为什么 UPF LRM 中定义了这样的一个状态呢？答案是它就是为了让大家避免使用它而定义的。最主要的，不确定电源状态来自于 *-logic_expr* 表达式中状态和对象不等式（！＝）、否定（！）、排除（||）运算符。其次，不确定电源状态可以指定一个依赖对象或其他对象的不确定电源状态。最后，不确定电源状态不提供细化选项。见示例 3.33，假设 PD_CPUA0 最初将 RUN 定义为不确定电源状态。

示例 3.33　不确定电源状态

add_power_state -domain PD_CPUA0 \
　-state {RUN **-logic_expr** {*primary* != OFF }}

微妙的是，状态 RUN 可能在 *primary* 不是 OFF 状态而是 ON 或 BIAS 状态时变为激活状态。如果这些表达式不打算后续进行细化，那么这种表达方式是可以接受的。通常，在基于较低层级子电源域电源状态组织顶层电源域电源状态时使用不确定电源状态，见示例 3.34。

示例 3.34　不确定电源状态

```
# Sub domain PD_CPUA0 power state
add_power_state -domain PD_CPUA0
  -state {RUN -logic_expr {...} \
  -state {STBY logic_expr {...} \
  -state {OFF logic_expr {...}
# Sub domain PD_L2 power state
add_power_state -domain PD_L2
  -state {RUN logic_expr {...} \
  -state {RET logic_expr {...} \
  -state {OFF logic_expr {...}
# Top domain PD_COREA power state
add_power_state -domain PD_COREA
  -state {ON -logic_expr { { PD_L2 !=OFF } || {PD_CPUA0 == RUN }}
```

当 PD_L2 处于 RET 或 RUN 状态，或者 PD_CPUA0 处于 RUN 状态时，PD_COREA 的 ON 状态被激活。显然，在 PD_COREA 状态为 ON 的情况下，PD_L2 和 PD_CPUA0 有许多重叠的可能状态。由于 *-logic_expr* 使用了 !=，|| 这些运算符，这些状态是不确定电源状态。

尽管如此，不确定电源状态有助于协调具有分层依赖关系的状态，用户需要意识到它意味着重叠或非互斥状态。在大多数情况下，可以将 ON 状态的表达式重新表述为 PD_COREA 的确定电源状态。或者，也可以将所有不确定电源状态视为"不关心"，将确定电源状态视为"关心"，还可以用 UPF 3.0 LRM 定义的 UNDEFINED 状态值标记不确定电源状态，见示例 3.24。

为了理解更高效的 UPF 建模，有必要进一步探索电源状态的灵活性和可控性。除增量细化之外，确定电源状态和延迟电源状态的灵活性和可控性以不同的格式呈现。例如，可以通过电源集合的电源状态指定电源域电源状态的层级组合。还需要充分理解定义分层电源域机制的电源状态，特别是要掌握定义此类电源域电源状态中的复杂通信和依赖关系。

示例 3.35 和示例 3.36 解释了电源状态的层级组合。这些示例基于图 3.3、示例 3.27 和示例 3.28。

示例 3.35　带电源域和电源集合句柄的层级电源域电源状态

```
# Sub domain PD_CPUA0 power states through <object_name> power domain
# Definite power state for power domain
add_power_state PD_CPUA0 -domain \
-state {RUN -logic_expr {primary == ON}} \
-state {SHD -logic_expr {primary == OFF}}
# Sub domain PD_CPUA0 power states through supply set handle
# Deferred power states through supply set handle
add_power_state PD_CPUA0.primary -supply \
-state {RUN -simstate NORMAL} \
-state {SHD -simstate CORRUPT}
# Optional but used to update a new state in sub domain PD_CPUA0
add_power_state PD_CPUA0 -domain -update \
-state {RET}
```

示例 3.35 通过子电源域 PD_CPUA0 解释了使用 -domain <object_name> 来定义和更新电源状态的机制。同时给出另外一种定义的形式，PD_CPUA0. primary 使用 -supply 选项。

示例 3.36　层级相关电源域的电源状态

```
# Sub domain PD_CPUA0 states dependency on PD_COREA power states
add_power_state PD_COREA -domain \
```

```
-state {RUN -logic_expr {primary==ON && PD_CPUA0==RUN}} \
-state {SHD -logic_expr {primary==OFF && PD_CPUA0==SHD}} \
-state {RET -logic_expr {primary==OFF && PD_CPUA0==RET}}
# Top domain PD_SOC states dependency on Sub Domain PD_COREA power
   states
add_power_state PD_MPCore -domain \
-state {RUN -logic_expr {primary==ON && PD_L2==RUN && PD_COREA==RUN}} \
-state {DMT -logic_expr {primary==OFF && PD_L2==RUN && PD_COREA==SHD}} \
-state {SHD -logic_expr {primary==OFF && PD_L2==SHD && PD_COREA==SHD}}
```

示例 3.36 展示了层级更高的电源域 PD_COREA 的电源状态依赖较低层级子电源域 PD_CPUA0 的电源状态（当 PD_CPUA0 状态为 RUN 时），顶层电源域 PD_SOC 的电源状态（当 PD_COREA 状态为 RUN 时）依赖子电源域 PD_COREA 的电源状态。这提供了另一种层级的灵活性。

在基于 IP 的设计流程中，**add_power_state** 提供的机制，可以轻松地利用 IP 模块和较低层级模块的电源状态定义更高层级的电源域状态。IP 供应商可以描述 IP 的基本电源状态；不过，SoC 集成者可以选择进一步细化其中的一些状态，以在层级化电源状态定义中更好地适应 SoC 的电源状态。这些电源状态细化的过程已经通过示例 3.30、示例 3.31 和示例 3.32 进行了说明。因此，IP 集成和其电源状态的细化也是另一种灵活性的体现。

UPF 3.0 LRM 同时引入一种分组机制，允许用户在大型复杂 Soc 系统的层级结构中方便地进行类似组合。见示例 3.37，UPF 的 **create_power_state_group** 命令定义电源状态组合名称，可以与 **add_power_state** 命令一起使用。电源状态组合用于收集由 **add_power_state** 定义的相关电源状态。**-group**（<group_name>）在当前作用域内定义。电源状态组合是当前作用域或后代子树中其他对象的电源状态的合法组合。也就是说，在设计操作期间，这些对象的状态组合可以同时处于活动状态。

示例 3.37 电源状态的合法组合
```
create_power_state_group PG_SOC
add_power_state -group PG_SOC \
  -state {RUN -logic_expr {primary==ON && PD_L2==RUN && PD_COREA
     ==RUN}} \
  -state {DMT -logic_expr {primary==OFF && PD_L2==RUN && PD_COREA
     ==SHD}} \
```

```
    -state{SHD -logic_expr{primary==OFF && PD_L2==SHD && PD_COREA
      ==SHD}}
    -state{RET -logic_expr{primary==OFF && LP_RET1N == 1'b1 PD_COREA
      ==OFF}} \
    -state{OFF -logic_expr{primary==OFF && LP_RET1N == 1'b0 PD_COREA
      ==OFF}}
add_power_state -group PG_SOC -update \
    -state "RET.PD_CPUA0_ACT -logic_expr{PD_COREA.PD_CPUA0.ACT}
      -illegal" \
    -state "OFF.PD_CPUA0_ACT -logic_expr{PD_COREA.PD_CPUA0.ACT}
      -illegal
```

电源状态还提供了一种机制，通过显式或隐式地标记状态合法性控制设计操作的电源状态空间。电源状态合法性可以通过使用 *-update* 或 *-complete* 选项时加上 *-illegal* 选项来指定。*-complete* 选项表示所有未定义的电源状态都是非法的。示例 3.38 对此进行了解释。

示例 3.38　电源状态的合法性
```
# Explicitly specifying illegal power states through -illegal
add_power_state PD_COREA-update \
  -state{PD_CPUA0_RET_ONLY -illegal \
  -logic_expr{primary == ON && PD_L2 == RUN && PD_CPUA0 == RET}}
# Implicitly specifying of illegal power states through -complete
add_power_state PD_COREA -update -complete
```

基本电源状态的固有优势总结见清单 3.16。

清单 3.16　电源状态在可控性和灵活性上的优势
（1）允许从设计的早期阶段开始对 UPF（功耗管理架构）进行建模。
（2）允许在任意时间将设计的 IP 集成到功耗管理架构中。
（3）允许分析和验证 UPF 策略的需求。
（4）允许通过相互依赖的状态计算准确的状态转换覆盖信息。
（5）在细化过程中防止确定电源状态和延迟电源状态的中间状态转换。

UPF LRM 也为定义电源状态提供了严格的指导方针，见清单 3.17，不仅适用于为设计建模 UPF，还适用于从验证工具中获取高效和预期的结果。

清单 3.17　电源状态定义指南

（1）通过 *-supply_expr* 定义电源集合或电源集合句柄的电源状态。

　　必须只引用给定电源集合或电源集合句柄的电源端口、线网和函数。

　　必须引用一个给定电源集合的电源或接地函数。

　　不允许引用另一个电源集合或电源集合句柄的函数。

（2）通过 *-logic_expr* 定义电源集合或电源集合句柄的电源状态。

　　必须引用逻辑端口、逻辑线网、区间函数。

　　可以引用给定电源集合或电源集合句柄的电源状态。

　　不允许引用另一个电源集合或电源集合句柄的函数。

　　不允许引用另一个电源集合或电源集合句柄的电源状态。

　　不允许引用电源域的电源状态。

（3）通过 *-logic_expr* 定义给定电源域的电源状态。

　　必须引用逻辑端口、逻辑线网、区间函数、电源域中的电源集合或电源集合句柄的电源状态以及电源域的电源状态。

　　必须引用电源域中具有多个合法电源状态的电源集合的电源状态。

　　不允许引用电源集合或电源集合句柄的电源端口、电源线网或函数。

（4）*-simstate* 必须与电源域的电源状态或其他对象（如组合域、组合组、组合模块以及组合实例）的电源状态相关联。

（5）指定 *-simstate* 为 NOT_NORMAL 时，它与 CORRUPT 相同，但是在后续细化中，可以细化为除 NORMAL 之外的其他状态值。

（6）如果状态值先前是从清单 3.11 状态值列表指定的，则在通过 **add_power_state -update** 命令更新时不允许更改 *-simstate* 的状态值。

（7）预定义电源状态 ON 的 *-simstate* 为 NORMAL。

（8）预定义电源状态 OFF 和 ERROR 的 *-simstate* 为 CORRUPT。

　　电源状态定义指南对于 UPF 建模和设计验证自动化方法论的指导是全面的。虽然为了高效实现 UPF 建模，清单 3.17 已经缩减，但仍然涵盖了本节提供的所有详细示例和解释。电源状态定义的最终目标是表示电源域和电源集合的状态，电源状态定义的建议总结为清单 3.18。

清单 3.18　UPF 建模中电源状态定义建议

（1）建议以设计对象（HDL）的逻辑表达式定义主要电源集合的电源状态。

（2）最好以主要电源集合句柄的状态以及（如果适用）任意依赖电源域的状态定义电源域的电源状态。

（3）建议定义确定的电源状态，最大限度地减少意外的状态重叠。

3.1.3 节解释了电源状态的语义，包括基本语义、细化语义、互斥和非互斥的概念和示例，还包括层级电源域的电源状态和依赖关系，并通过实际案例进行演示。电源状态定义指南和建议在这些示例的基础上，给出更多有效建模 UPF 的方法。

通过讨论可以看出，电源域和电源集合电源状态的组合通常是按照清单 3.19 中的方式构建的。

清单 3.19　电源域和电源集合电源状态的组合方式

（1）通过 *-supply* 选项定义的电源集合句柄。

（2）通过 *-domain* 选项定义的电源域。

（3）通过 *-logic_expr*、*-supply_expr* 选项或它们的组合以及设计控制信号定义的布尔表达式。

（4）通过 *-simstate* 选项预定义的仿真状态值。

电源状态的组成部分实际管理着电源域和相关电源集合的状态，并表示交互的源 – 汇电源域是否需要 ISO、LS、ELS、RFF、RPT、PSW 等 UPF 电源策略。具体说来，电源状态指明了设计中是否需要不同的功耗管理多电压单元。实际上是通过定义或指定电源策略来处理的，这也是在讨论 UPF 策略之前讨论 UPF 电源状态的原因之一。

3.1.4　UPF电源策略

在构建和建模完整的 UPF 过程中，除了基本的电源域、电源集合和电源状态，还有一个更重要的部分，就是 UPF 电源策略。UPF 电源策略包括 ISO、LS、ELS、RFF、PSW 和 RPT 等。在更高层级（如 RTL）的设计抽象中，也需要这些策略来完成 UPF 建模。对于纯 RTL，这些策略及其控制可能只是占位符（特别是对于 PSW），或者是不同动态和静态验证工具的虚拟推断（特别是对于 ISO、LS、ELS 和 RFF 等），这些将在第 5、6 和 7 章中讨论。

隔离（ISO）策略在任何低功耗或功耗敏感设计中都很常见。在 UPF 中，ISO 策略的定义语法见示例 3.39。

示例 3.39　ISO 策略的定义语法

```
set_isolation strategy_name -domain domain_name
[-elements element_list]
[-exclude_elements exclude_list]
```

```
[-source <source_domain_name | source_supply_ref >]
[-sink <sink_domain_name | sink_supply_ref >]
[-diff_supply_only [<TRUE | FALSE>]]
[-use_equivalence [<TRUE | FALSE>]]
[-applies_to <inputs | outputs | both>]
[-applies_to_boundary <lower | upper | both>]
[-applies_to_clamp <0 | 1 | any | Z | latch | value>]
[-applies_to_sink_off_clamp <0 | 1 | any | Z | latch | value>]
[-applies_to_source_off_clamp <0 | 1 | any | Z | latch | value>]
[-no_isolation]
[-force_isolation]
[-location <self | other | parent | fanout>]
[-clamp_value <0 | 1 | Z | latch | value | {<0 | 1 | Z | latch |
value>*}>]
[-isolation_signal signal_list [-isolation_sense <high | low |
{<high | low>*}>]]
[-isolation_supply supply_set_list]
[-name_prefix pattern]
[-name_suffix pattern]
[-instance {{instance_name port_name}*}]
[-update]
```

可以观察到，ISO 策略在语法上有丰富选项，这里列出的最明显的选项都是最常用于高效 UPF 建模的。选项 **-domain name** 指定定义 ISO 策略的电源域。

ISO 策略的 **-exclude_elements** <exclude_list> 选项与 3.1 节介绍的电源域的 **-exclude_elements** 命名以及生成的 <effective_element_list> 相似。

-exclude_elements 明确标识了不适用于 ISO 策略的电源域的一组实例或端口的根节点名称。<effective_element_list> 排除所有在基础命令或 **-update** 中指定的实例或端口。ISO 策略也有类似于 **-exclude_elements** 的 **-no_isolation** 选项，其功能与 **-exclude_elements** 完全相同，同时它还具有在可自定义的方式中不指定（过滤）实例或端口列表的优势。当需要从强制执行隔离策略中排除整个元素列表时，这个过滤选项是非常有用的。

此外，还有其他几个过滤选项可以自定义或限制元素或端口集合在 **set_isolation** 命令中应用于 ISO 策略，见清单 3.20。

清单 3.20 ISO 策略的其他过滤选项

- -source
- -sink
- -diff_supply_only
- -applies_to
- -applies_to_clamp
- -applies_to_sink_off_clamp
- -applies_to_source_off_clamp

-source 或 *-sink* 指定电源集合或电源域的名称。指定电源域名称时，该名称隐式地表示该电源域的主要电源。但是，这些过滤选项需要具有端口的驱动器和接收器才能满足过滤条件。示例 3.40 说明了 ISO 策略定义中 *-source* 和 *-sink* 过滤选项的用法。

示例 3.40 显示了一个典型的 ISO 策略。ISO 策略通常是带有控制信号的 AND 门、OR 门或锁存器类型器件，位于源和汇电源域之间，以将输出信号嵌入到预定义的值，避免源电源域处于 OFF 状态时出现 1'bx 或未知值传播。

注：1'bx 是指二进制数中的不确定值，即无法确定为 0 或 1。

示例 3.40 典型的 ISO 策略

```
set_isolation iso_1 \
    -domain PD_sub3 \
    -isolation_supply_set PD_sub3.isolate_ss \
    -clamp_value 1 \
    -elements {mc0/ceb mc0/web} \
    -isolation_signal mc_iso \
    -isolation_sense high
```

在 ISO 策略中，选项 *-clamp_value* 1 表示一种 OR 类型的 ISO，将所有信号嵌入到目标汇电源域的 1'b1；另一个选项 *-isolation_sense* high 表示 ISO 使能信号的控制信息，也就是在高电平或 1'b1 时使能隔离。

另外需要注意的是，虽然语义相同，但 UPF 2.1 LRM 中提供电源给 ISO 单元的 ISO 电源集合被定义为 *-isolation_supply_set* <supply_set_list>，而在 UPF 3.0 中则是 *-isolation_supply* <supply_set_list>。

示例 3.39 中的选项 *-location* <*self* | *other* | *parent* | *fanout*> 用于确定隔离单元将插入或推断的逻辑层次结构的位置域。这里，*self* 表示隔离单元将放置在自身域内，即被隔离的端口所在的域，这是默认选项。*parent* 表示隔离单元将放置在被隔离端口的父域中，UPF LRM 限制了在这种情况下被隔离的端口不能是设计顶层模块的端口或下边界的端口。当使用 *other* 选项时，隔离单元被放置在上边界端口的父域或下边界端口的子域中。类似地，UPF LRM 限制被隔离的端口不能是设计顶层模块的上边界端口或叶单元的下边界端口。

当需要将隔离单元放置在最接近接收逻辑的扇出域边界时，可以使用 *fanout* 选项。如果接收逻辑位于宏单元实例中，则隔离单元将插入该宏单元实例的输入端口，在该位置域的下边界；否则，隔离单元将插入由策略应用的端口驱动的位置域端口。还需要注意的是，如果未指定 *-location fanout*，但指定了 *-sink* <domain_name>，则汇电源域确定隔离单元插入位置域的输入端口还是输出端口。如果未指定 *-location fanout* 和 *-sink* <domain_name>，则隔离单元将插入位置域的端口，该端口也是策略应用的端口。

为了简化说明，我们用图 3.4 中具有单个和异构扇出连接的多个电源域来解释 ISO 策略。

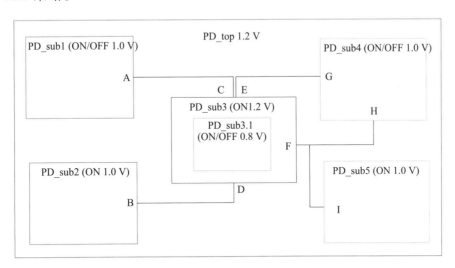

图 3.4 不同 ISO 策略和过滤机制

带 *-source* 和 *-sink* 过滤选项的 ISO 策略见示例 3.41。

示例 3.41 带 *-source* 和 *-sink* 过滤选项的 ISO 策略

```
# UPF Code snippet to define power domains of Fig. 3.4 and relevant
```

```
Supplies create_supply_set PD_sub1_SS ...
    create_power_domain PD_sub1 ...
    associate_supply_set PD_sub1_SS -handle PD_sub1.primary
    create_supply_set PD_sub2_SS ...
    create_power_domain PD_sub2 ...
    associate_supply_set PD_sub2_SS -handle PD2.primary
    create_power_domain PD_sub3 ...
    # -source Examples for isolation cell at Port C and isolate Path A-C
    set_isolation iso1 -domain PD_sub3 -source PD_sub1_SS -location
        parent ...
    # -source Example for isolation cell at Port B and isolate Path B-D.
    set_isolation iso2 -domain PD_sub3 -source PD_sub2_SS -location
        self ...
    ## -sink Examples for isolation cells at Port G and Port H and
        isolate Path E-G and F-H.
    set_isolation iso1 -domain PD_sub3 -sink PD_sub4_SS -location
        fanout ...
```

-diff_supply_only 是另外一个重要的 ISO 策略过滤选项，可用于源电源域和汇电源域异构扇出端口之间的 ISO。该选项表示应用 ISO 策略时，驱动逻辑和接收逻辑端口之间有不同的电源供应，驱动器电源或接收器电源不能确定。示例 3.42 解释了如何在 -source 和 -sink 选项的配合下使用 -diff_supply_only 选项。

示例 3.42 使用 -source、-sink 和 -diff_supply_only 过滤选项的 ISO 策略

```
# UPF Code snippet to define power domains of Fig. 3.4 and relevant
    Supplies
    create_supply_set PD_sub2_SS ...
    create_power_domain PD_sub2 ...
    associate_supply_set PD_sub2_SS -handle PD_sub2.primary
    associate_supply_set PD_sub2_SS -handle PD_sub3.primary
    associate_supply_set PD_sub2_SS -handle PD_sub4.primary
## -diff_supply_only Example for ISO at Ports C and F and isolate
    Paths A-C and F-I.
## But do not isolate path F-H.
```

```
set_isolation iso1 -domain PD_sub3 -applies_to both \
  -diff_supply_only TRUE -location parent ...
## -diff_supply_only Example for ISO at Ports A and I and isolate
    Paths A-C and F-I.
set_isolation iso2 -domain PD_sub3 -applies_to both \
  -diff_supply_only TRUE -location self ...
## -diff_supply_only Example for ISO at Port A and isolate Path A-C.
set_isolation iso3 -domain PD_sub3 -applies_to both -source PD_
    sub1_SS
-diff_supply_only TRUE -location other ...
```

当驱动器电源和接收器电源既不相同也不等效时，*-diff_supply_only*
TRUE 过滤选项才会被启用。否则，*-source* 和 *-sink* 过滤选项将匹配命名
的电源集合或与命名电源集合等效的任何电源集合。需要注意的是，等效性是
通过示例 3.39 中的 *-use_equivalence* 选项来确定的。该选项指定了是否在
匹配两个电源集合时考虑电源集合的等效性。如果指定 *-use_equivalence*
选项为 False，则 *-source* 和 *-sink* 过滤选项通常只匹配命名电源集合。

在两个交互电源域中，当源电源域和汇电源域均处于打开状态但具有不同
的供电电压时，需要使用 LS 或 ELS（电平转换器）策略。LS 或 ELS 策略通
过维护高电压到低电压或低电压到高电压的转换机制来确保信号值在源电源域
和汇电源域之间正确传播，见示例 3.43。

示例 3.43　电平转换器策略的定义语法

```
set_level_shifter strategy_name
-domain domain_name
[-elements element_list]
[-exclude_elements exclude_list]
[-source <source_domain_name | source_supply_ref>]
[-sink <sink_domain_name | sink_supply_ref>]
[-use_equivalence [<TRUE | FALSE>]]
[-applies_to <inputs | outputs | both>]
[-applies_to_boundary <lower | upper | both>]
[-rule <low_to_high | high_to_low | both>]
[-threshold <value>]
[-no_shift] [-force_shift]
```

```
[-location <self | other | parent | fanout>]
[-input_supply supply_set_ref]
[-output_supply supply_set_ref]
[-internal_supply supply_set_ref]
[-name_prefix pattern] [-name_suffix pattern]
[-instance {{instance_name port_name}*}]
[-update]
```

虽然 ISO 和 LS 或 ELS 策略在功能上完全不同，但许多语法选项，例如 **-elements**、**-exclude_elements**、**-source**、**-sink** 等，在这些策略中有相同的目的。因此，关于 LS 语义的解释将集中在 LS 特定选项上，不再讨论公共选项。大多数选项，如 **-applies_to_boundary**、**-rule** 和 **-threshold**，都是作为限制 **set_level_shifter** 命令应用的端口集合的过滤选项。

举例说来，**-rule** 限制 LS 策略仅适用于需要给定电平转换方向的端口，其默认值为 both。**-threshold** <value> 适用于驱动器电源和接收器电源电压之差超过指定阈值的端口。将端口驱动器电源的名义电源和地与端口接收器电源的名义电源和地进行比较，以确定是否需要进行电平转换。

LS 策略还考虑了各电源和地电平的变化范围。**-threshold** 选项要求工具使用不同电源的对象之间给定互连中涉及的电源状态中的信息。如果未指定 **-threshold**，则默认为 0，这意味着如果存在任意电压差，都会为给定端口插入电平转换器。

-input_supply、**-output_supply** 和 **-internal_supply** 选项在定义 LS 策略时也是预定义名称。这些电源集合用于给 LS 的输入部分、输出部分和内部电路供电。可以通过图 3.5 来很好地说明此概念。

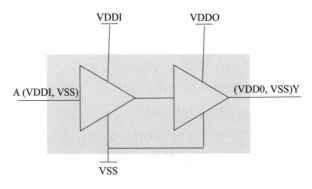

图 3.5　电平转换器的物理构成

这里，VDDI 和 VDDO 对应输入电源和输出电源；而对于引脚 A，相关电源、接地 VDDI 和 VSS 是内部电源。*-internal_supply* 指定为与电平转换器的输入或输出无关的电源端口提供电源的电源集合。LS 的更多详细信息在第 4 章中讨论。

-input_supply 的默认值是驱动电平转换器输入的逻辑电源，仅当该电源集合在电平转换器所在的电源域中可用时，才使用默认值；*-output_supply* 的默认值是接收电平转换器输出的逻辑电源，仅当该电源集合在电平转换器所在的域中可用时，才使用默认值。

但是，*-internal_supply* 没有定义默认的电源集合。仅当恰好一个电平转换器策略应用于给定端口，并且该端口所有驱动器具有等效电源，所有接收器也具有等效电源时，才适用默认的输入和输出电源集合定义。对于更复杂的情况，应明确指定所需的电源集合。如果将电平转换器策略映射到仅需单个电源的库单元，则不需要显式指定输入电源集合。同样，任何显式的输入电源集合规范都将被忽略，默认的输入电源集合不适用，仅使用输出电源集合。

示例 3.44 给出了典型的电平转换器策略。

示例 3.44 典型的电平转换器策略

```
# UPF Code snippet to update relevant Supplies from Example 3.41
create_supply_set PDV_sub1.primary -update \
    -function { power V_sub1 } \
    -function { nwell V_sub1N }
......
create_supply_set PD_top.primary -update \
    -function {power V_top } \
    -function { nwell V_topN}
......
# LS Example for paths from PD_top (ON 1.2V) to PD_sub1 (ON/OFF 1.0V)
set_level_shifter ls_1 \
    -domain PD_top \
    -source PD_top \
    -sink PD_sub1 \
    -location self \
    -input_supply PD_top.primary \
    -output_supply PD_sub1.primary
```

LS 命令的定义非常直观。这里，*-source*，*-sink* 和 *-location* 标识了在 HDL 层级端口或路径实例上电源域边界的推断位置，这里 LS 将被实际插入到门级网表或 DVIF 后续流程中。要重点注意，没有专用的 UPF 命令和选项来表示 ELS，它的定义包括一个 ISO 和一个 LS 命令的组合，其中，ISO 的控制成为 ELS 的使能信号。还需要注意的是，尽管语义相同，但 UPF LRM 2.1 中输入、输出或内部电源的语法不同，包含 *"_set"*：*-input_supply_set*、*-output_supply_set* 和 *-internal_supply_set* 选项。

在 UPF 中，RFF 策略被定义为需要保留状态或数据的一组顺序元素。RFF 策略标识了保持寄存器的保存和恢复控制以及条件行为。当 RFF 定义指定实例或进程时，所有寄存器都被推断为保持寄存器。当寄存器、信号和变量推断顺序元素时，也会受到 UPF 保持策略的影响，被推断为保持寄存器。

示例 3.45 显示了保持策略的定义语法。

示例 3.45　保持策略的定义语法

```
set_retention retention_name
-domain domain_name
[-elements element_list]
[-exclude_elements exclude_list]
[-retention_supply ret_supply_set]
[-no_retention]
[-save_signal {logic_net <high | low | posedge | negedge>}]
[-restore_signal {logic_net <high | low | posedge | negedge>}]
[-save_condition {boolean_expression}]
[-restore_condition {boolean_expression}]
[-retention_condition {boolean_expression}]
[-use_retention_as_primary]
[-parameters {<RET_SUP_COR | NO_RET_SUP_COR |SAV_RES_COR | NO_
  SAV_RES_COR> *}]
[-instance {{instance_name [signal_name]}*}]
[-update]
```

与其他策略类似，RFF 策略的 *-domain*、*-elements* 和 *-exclude_elements* 等选项功能类似，这里不再讨论。相对的，讨论的重点是保持策略特定的语义解释。例如，当 *-elements* 和 *-update* 一起使用时，强制指示将现有 HDL 元素或信号的集合加入设计中。

-save_signal 和 **-restore_signal** 选项指定逻辑线网或端口的根节点名称及其有效电平或边沿。**-save_condition** 和 **-restore_condition** 指定布尔表达式。指定 **-save_signal** 和 **-restore_signal** 时，**-save_condition** 或（和）**-restore_condition** 变为"不关注"。

-retention_condition 定义保持元素的保持行为。如果指定 **-retention_condition**，则其值必须为 TRUE，以保持状态元素的值。如果保持条件评估为 FALSE，并且主电源不是 NORMAL，则保持元素的值将被破坏。在 **-retention_condition** 中列出的任意引脚的接收端电源至少为保持策略的保持电源。

-retention_supply（或 UPF LRM 2.1 中的 **-retention_supply_set**）指定为状态元素提供电源的电源集合。同时保存用于评估 **-save_condition**、**-restore_condition** 和 **-retention_condition** 的可用控制逻辑的值。由 **-retention_supply** 指定的电源集合隐式地连接到 **set_retention** 命令推断的保持寄存器。

示例 3.46 提供了一个典型的 RFF 策略案例。

示例 3.46　典型的 RFF 策略

```
set_retention ret_1 \
  -domain PD_sub1 \
  -retention_supply PD_sub1.retain_ss \
  -retention_condition {(mc0/clk == 1'b0)} \
  -elements {mem_ctrl_ret_list} \
  -save_signal {mc_save high} \
  -restore_signal {mc_restore low}
```

---

set_retention UPF 命令可以与另一个 UPF 命令 **set_retention_elements** 相结合，如果保持策略应用列表中的元素，该命令将根据 **set_retention** 或 **map_retention_cell** 命令使用的元素创建一个命名元素列表，该列表中的元素状态保持一致。

所以，该命令实际上捕获了 **-elements** {mem_ctrl_ret_list} 的 <elements_list>，见示例 3.46，并在 **set_retention_elements** 命令中指定，见示例 3.47。

示例 3.47 RFF 集合元素示例

```
set_retention_elements mem_ctrl_ret_list \
  -elements { mc0/present_state mc0/addr }
```

示例 3.47 创建了一个命名元素列表，当它与 **set_retention** 命令和 ***-elements*** {elements_list} 一起使用时，列表中的元素状态保持一致。

set_retention_elements 的语法选项见示例 3.48，它们的意义和功能与其他策略相似，已在不同的策略中解释过了，不再赘述。

示例 3.48 RFF 集合元素语法

```
set_retention_elements retention_list_name
  -elements element_list
  [-applies_to <required | not_optional | not_required | optional>]
  [-exclude_elements exclude_list]
  [-retention_purpose <required | optional>]
  [-transitive [<TRUE | FALSE>]]
```

有一点需要解释，根据保持值的存储和检索方式，至少有两种不同类型的保持寄存器 / 锁存器 / 触发器，见清单 3.21。

....

清单 3.21 不同的 RFF 类型

（1）"气球"类型保持寄存器。

（2）主设备或从设备保持寄存器。

....

在"气球"类型保持寄存器中，保持寄存器的值保存在影子或附加锁存器中，通常称为"气球"锁存器，并且通常由 ***-retention_supply*** 提供电源。在这种情况下，"气球"元素不在寄存器的功能数据路径中。另一方面，对于主设备保持寄存器或从设备保持寄存器，保持寄存器的值保存在主锁存器或从锁存器中，也由 ***-retention_supply*** 提供电源。在这种情况下，保持元素在寄存器的功能数据路径中。

"气球"类型保持寄存器通常具有其他控件，用于将数据从存储元素传输到"气球"锁存器（也称为保存阶段），以及将数据从"气球"锁存器传输到存储单元（也称为恢复阶段）。在描述和实现这种类型的保持寄存器的设计中，需要提供用于控制"气球"类型保持寄存器的保存引脚和恢复引脚的端口。

主设备或从设备保持寄存器通常没有其他保存或恢复控件，因为存储元素与保持元素相同。寄存器的额外控制可以使寄存器处于静止状态，并在断电状态保护部分内部电路，从而维持保持状态。在这种寄存器中，恢复通常发生在上电时，也是因为存储元素与保持元素相同。因此，这种寄存器可能不指定保存信号和 / 或恢复信号，但指定将寄存器带入和带出保持状态的条件。

下面是两种类型 RFF 策略的示例。

示例 3.49 中，RFF 策略显式地指定了执行保存功能和恢复功能的保存引脚和恢复引脚。

示例 3.50 中，RFF 策略指定了一个同时执行保存和恢复功能的引脚，该引脚保持定值（0 或 1），并保持在保持状态。

示例 3.49 "气球"类型 RFF 的保存引脚和恢复引脚

```
set_retention my_ret \
  -save_signal {save high} \
  -restore_signal {restore low} \ ...
```

示例 3.50 "气球"类型 RFF 的单个保持控制（保存和恢复）引脚类型

```
set_retention my_ret \
  -save_signal {ret posedge} \
  -restore_signal {ret negedge} \
  -retention_condition {ret} \  ...
```

示例 3.51 中，RFF 策略指定了一个单独的保持控制引脚，没有明确的保存或恢复操作。在保持模式，必须保持保持条件为真，从锁存器（存储元素或输出）需要由 *-retention_supply* 提供电源。此外，主设备或从设备 RFF 需要将时钟和异步复位与保持条件相关联，并在保持模式保持一定的值（例如 0 或 1）。此外，还需要指定 *-use_retention_as_primary*，因为输出预计将由保持电源集合提供电源。需要注意的是，*-use_retention_as_primary* 选项指定存储元素及其输出由保持电源集合提供电源。

这些扩展功能显示在示例 3.52 中。

示例 3.51　从设备类型 RFF 的单个保持控制引脚类型

```
set_retention my_ret \
  -retention_condition {ret} \
  ...
```

示例 3.52　带时钟和复位的从设备 RFF 的单个保持控制引脚类型

```
set_retention my_ret \
  -retention_condition {!clock && nreset} \
  -retention_supply PD_sub2.primary \
  -use_retention_as_primary \  ...
```

PSW 策略定义了一个单个电源开关的抽象模型，在实现过程中可能涉及额外的细节和多个分布式电源开关链路。在 RTL 设计和门级网表设计验证过程中，PSW 通常被视为占位符。虽然物理 PSW 通常在布局布线之后可用，但它们在设计抽象的早期阶段就扮演了验证中的重要角色。因此，PSW 策略对于 UPF 建模也非常关键。UPF PSW 语法见示例 3.53。

示例 3.53　UPF PSW 语法

```
create_power_switch switch_name
  [-switch_type <fine_grain | coarse_grain | both>]
  [-output_supply_port {port_name [supply_net_name]}]
  {-input_supply_port {port_name [supply_net_name]}}*
  {-control_port {port_name [net_name]}}*
  {-on_state {state_name input_supply_port {boolean_expression}}}*
  [-off_state {state_name {boolean_expression}}]*
  [-supply_set supply_set_ref]
  [-on_partial_state {state_name input_supply_ port {boolean_
    expression}}]*
  [-ack_port {port_name net_name [boolean_expression]}]*
  [-ack_delay {port_name delay}]*
  [-error_state {state_name {boolean_expression}}]*
  [-domain domain_name]
  [-instances instance_list]
  [-update]
```

-switch_type 参数由 *coarse_grain*、*fine_grain* 或两者的组合组成，实际上是由 "**switch_cell_type**" 和 "**UPF_switch_cell_type**" 表示的 Liberty 或 UPF 属性决定的。*coarse_grain* 是默认值。

-intput_supply_port、*-output_supply_port* 和 *control_port* 也可以与占位符端口和（或）线网名称一起使用。PSW 端口名和端口状态名在开关实例的范围内定义，可以用分层名称的方式引用，就像引用任何其他实例端口一样。该功能将与示例 3.54 一起解释。

示例 3.54　PSW 端口名和端口状态名引用

```
create_power_switch PS1
  -output_supply_port {outp}
  -input_supply_port {inp}
...
```

示例 3.54 在当前作用域创建一个名为 PS1 的实例，并在 PS1 实例中创建电源端口 "outp" 和 "inp"，将开关电源端口命名为 "PS1/inp" 和 "PS1/outp"。抽象 PSW 模型允许有一个或多个输入电源端口，但只允许一个输出电源端口。

只有在开关类型为 *coarse_grain* 或 *both* 时才指定输出电源端口。每个输入电源端口由一个或多个控制表达式进行控制，控制表达式由 *-on_state* 或 *-on_partial_state* 表达式定义。

-on_state 表达式指定给定输入电源何时对输出产生贡献，不限制电流供应。但是，*-on_partial_state* 表达式指定给定输入电源以有限电流方式对输出产生贡献的情况。每个输入电源可以有多个 *-on_state* 和 / 或多个 *-on_partial_state* 表达式。

PSW 模型还可以有一个或多个 *-error_state* 表达式。为给定电源开关定义的任何 *-error_state* 表达式表示对该开关非法输入条件的控制。PSW 模型还可能具有单个 *-off_state* 表达式。*-off_state* 表达式表示在任何条件下，*-on_state* 或 *-on_partial_state* 表达式都不为 TRUE。如果未明确指定，则 *-off_state* 表达式默认为电源开关定义的所有 *-on_state*、*-on_partial_state* 和 *-error_state* 表达式的补集。

在任何给定时间，*-on_state* 或 *-on_partial_state* 都会为 PSW 的输出

端口产生一个值。只有当给定输入电源端口的 ON 或部分 ON 状态布尔表达式（不处于 OFF 状态）引用具有未知（X 或 Z）值的对象时，UNDETERMINED 状态才会出现。PSW 输出的贡献值仍为 {UNDETERMINED，unspecified}。但是，在功耗感知仿真器（或称为 PA-SIM）中，UNDETERMINED 状态被解释为 ERROR 状态。因此，PSW 本身也具有状态值，见清单 3.22。

清单 3.22　电源开关、控制以及确认端口的状态值

（1）FULL ON（或者 ON）状态。

（2）OFF 状态。

（3）部分 ON 状态。

（4）UNDETERMINED 状态。

此外，如果给定输入电源端口的 **on_partial_state** 布尔表达式求值为 True，则贡献值为该输入电源端口的降级值。

-ack_port 指定了 PSW 状态转换的确认响应。指定参数时，在开关输出转换为 FULL_ON 状态的 <port_name delay> 时间单位后，确认值被驱动到指定端口。开关输出转换为 OFF 状态的 <port_name delay> 时间单位后，驱动反向确认值。

如果 PSW 的电源集合处于 NORMAL 仿真状态，则确认值为逻辑 0 或逻辑 1。如果为 **-ack_port** 指定 <logic_value>，则该逻辑值将用作转换到 FULL_ON 的确认值，并且其反值将用作转换到 OFF 的确认值；否则，确认值默认为转换到 FULL_ON 的逻辑 1 和转换到 OFF 的逻辑 0。

如果指定 **-ack_delay**，则可以将延迟指定为时间单位，也可以将其指定为自然数，在这种情况下，时间单位应与模拟精度相同；否则，延迟默认为 0。

示例 3.55 显示了典型的 PSW 策略。

示例 3.55　典型的 PSW 策略

```
create_power_switch top_sw \
    -domain PD_top \
    -output_supply_port {vout_p 0d81_sw_ss.power} \
    -input_supply_port {vin_p 0d81_ss.power} \
    -control_port {ctrl_p mc_pwr} \
    -on_state {normal_working vin_p {ctrl_p}} \
    -off_state {off_state {!ctrl_p}}
```

示例 3.55 是一个头开关，构建在电源集合 0d81_sw_ss 的电源侧。与之相对的，电源集合 PSW 的接地侧称为脚。但是，这个 PSW 的定义是一个抽象的占位符，在 DVIF 中通常在布局布线之前或之后进行物理实现。而且，已经提到 PSW 的实际实现因最终设计电路的开关粒度要求而大不相同，通常将开关级联成一个菊链以避免由电源的开关状态引起的杂散电流扰动。

UPF 中的重复器（RPT）定义了一种在电源域接口插入重复器或馈通缓冲器的策略。RPT 放置在电源域内，由电源域的输入端口驱动，并驱动电源域的输出端口。通常，电源域位于源电源域和汇电源域之间，通过中间电源域从源到汇馈通一些信号时，需要馈通缓冲器。示例 3.56 显示了 RPT 的语法。

示例 3.56　RPT 语法

```
set_repeater strategy_name
  -domain domain_name
  [-elements element_list]
  [-exclude_elements exclude_list]
  [-source <source_domain_name | source_supply_ref > ]
  [-sink <sink_domain_name | sink_supply_ref > ]
  [-use_equivalence [<TRUE | FALSE>]]
  [-applies_to <inputs | outputs | both>]
  [-applies_to_boundary <lower | upper | both>]
  [-repeater_supply supply_set_ref ]
  [-name_prefix string]
  [-name_suffix string]
  [-instance {{instance_name port_name}*}]
  [-update]
```

显然，RPT 也有常见的通用选项，就已经讨论的功能而言，这些选项与其他策略的选项类似。因此，将讨论重点放在 RPT 特定的选项上，例如 -repeater_supply（或 UPF LRM 2.1 中的 repreater_supply_set）。

-repeater_supply 隐式地连接到缓冲器单元的主电源或备用电源端口。如果未指定电源选项，并且电源域包含 RPT 单元的驱动单元，则使用电源域的主要电源集合作为默认电源。因此，当电源域中没有默认电源时，必须指定 -repeater_supply。

示例 3.57 显示了一个典型的 RPT 策略。

示例 3.57 典型的 RPT 策略

```
set_repeater feedthrough_buffer1
    -domain PD_sub3.1 -applies_to outputs
```

示例 3.57 定义了一个 RPT 单元，以推断 PD_sub3.1 的电源域边界输出。RPT 策略相对较新，因此必须谨慎定义。

UPF 电源策略是 UPF 建模的重要组成部分，可能存在多个策略应用于相同端口或 HDL 实例的情况。因此，重要的是要了解实际应用这些策略的优先顺序。例如，如果 **set_isolation**、**set_level_shifter** 或 **set_repeater** 命令可应用于同一端口，则根据清单 3.23 中的标准确定命令的相对优先级，只有具有最高优先级的命令才会实际应用。

清单 3.23 确定命令优先级的标准

（1）由名称显式指定的多位端口部分的命令。
（2）由名称显式指定的整个端口应用的命令。
（3）由名称显式指定的实例的所有端口应用的命令。
（4）适用于指定电源域具有给定汇和源的端口的命令。
（5）适用于具有给定方向的指定电源域的所有端口的命令。
（6）适用于指定电源域的所有端口的命令。

如果同一类型的多个策略具有相同的最高优先级，则所有命令实际上都适用于端口或其部分，只要策略允许。

同样，用于为插入的隔离、电平转换器和重复器单元创建名称的 ISO、LS 和 RPT 的 **-name_prefix** 或 **-name_suffix** 选项，在 UPF 命令 **name_format** 上也有优先级顺序。

name_format 用于定义为隐式创建的对象（如隔离、电平转换器及其电源网络或端口前缀、后缀等）构建名称的格式，在第 5 章会进一步讨论。

在本章前几个部分的讨论过程中，可以看出 UPF 建模主要基于电源域、电源域边界、电源、电源网络、电源状态、基本电源状态和 UPF 电源策略，这些是 UPF 建模的基础。从这些讨论中可以看出，UPF 语义还包含了几个微妙的概念，这些概念驱动 UPF 建模。例如，电源域元素的细化、UPF 策略的细化、通过导数或就地进行电源状态的细化、电源状态重叠、域间依赖关系等。这些特性主要决定了 UPF 如何在不同的设计抽象层级通过细化在 DVIF 中演变，并有助于功耗感知设计、集成、实现和验证。

接下来将详细讨论这些特性和流程。

3.2 持续可细化的UPF

UPF 的持续细化对应整个 DVIF 的功耗管理和低功耗技术，其中 UPF 的开发始于早期的 RTL，并逐渐在门级网表和电源网表的实现流程中进行细化，为每个设计实现阶段增加适当的细节。

正如前面提到的，IEEE 1801 标准提供了从 RTL 开发 UPF 的灵活性，以便在设计抽象的早期阶段采取适当的低功耗技术。这让我们可以理解主要的 UPF 约束，包括基本部分，如设计实例作为元素的最小范围的功率域（也称为原子电源域），抽象电源集合以及可能的电源状态。此外，还可以理解虚拟推断边界策略，如 ISO、LS、ELS、RFF、PSW、RPT 等。从而允许模拟或验证功耗管理和低功耗技术，并预评估许多综合后或布局布线后的功率实现工件。但是，逻辑端口和特定的控制信息不在约束 UPF 的范围内。

此外，许多内部开发的 RTL 设计模块和外部采购的 IP 在设计的几次迭代中重复使用，因此列举 RTL 中可重复使用 IP 的功耗管理信息也很重要。这里的一个主要问题是，这些 IP 伴随着独立于 UPF 的技术或实现。因此，UPF 的持续细化允许 IP 提供商随 RTL 功能规格一起提供 IP 组件的 UPF 约束，从而确保组件与整个系统现有功耗管理和低功耗技术在任何给定应用程序中正确交互。基本上，IP 的 UPF 约束内容与上述设计的常规部分完全相同。

UPF 的持续细化完整流程总结在图 3.6 中，该图来自 IEEE 1801-2015 LRM。

回顾图 3.3 的 SoC 示例，示例 3.58 为约束 UPF 的示例。

示例 3.58　约束 UPF 示例

```
create_power_domain PD_SOC -elements {.} -atomic
create_power_domain PD_COREA -elements {u_ca_cpu0} -atomic
create_power_domain PD_CPU0 -elements {u_ca_advcpu0} -atomic
# Create the L2 Cache domain
```

```
create_power_domain PD_L2 -elements {u_ca_l2/u_ca_l2_datarams u_
    ca_l2/u_ca_l2_tagrams u_ca_l2/u_cascu_l1d_tagrams} -atomic
# RFF
set_retention_elements PD_COREA_RETN -elements "u_ca_cpu0"
# ISO
set_port_attributes -elements {u_ca_hierarchy}
    -applies_to outputs
    -clamp_value 0
set_port_attributes -ports u_ca_hierarchy/output_port_a
-clamp_value 1
# Power States
add_power_state PD_CPU0 -domain \
-state {RUN -logic_expr {primary == ON}} \
-state {SHD -logic_expr {primary == OFF}}
add_power_state PD_CPU0.primary -supply \
-state {ON -simstate NORMAL} \
-state {OFF -simstate CORRUPT}
```

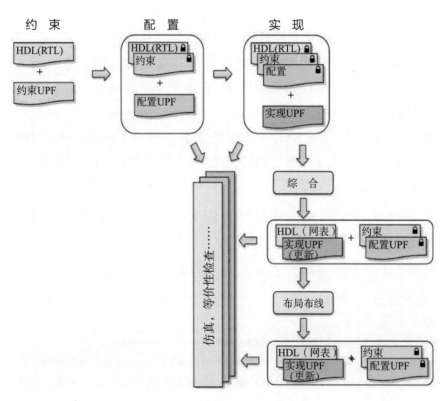

图 3.6　DVIF 流程中 UPF 的持续细化：持续添加约束、配置和实现 UPF
（参考 IEEE 1801-2015 LRM）

当设计开发流程进一步进行，并且设计构建模块或可重复使用的 IP 与整个设计处于集成过程中时，需要指定设计和 UPF 的配置。配置 UPF 是现有约束 UPF 的扩展，基本上结合并添加了约束 UPF 的缺失部分。这些缺失部分包括逻辑和功耗管理控制端口，以及策略的详细信息，例如跨越不同电源域边界的 ISO，针对整个设计或仅针对常规触发器的 RFF 等。

配置的另一个重要方面是用逻辑表达式更新电源状态以适应控制输入。但是，由于特定工艺的实现细节在 DVIF 系统集成阶段仍然不可用，因此配置 UPF 仅限于迄今为止提到的属性，通常不考虑电压值、PSW 的逻辑参考或任何特定的单元信息。

示例 3.59 表示图 3.3 中 SoC 设计的配置 UPF，并与示例 3.58 中的约束 UPF 结合使用。

示例 3.59　配置 UPF 示例

```
# Logic and power management control ports
create_logic_port -direction in nRETNCPU0
create_logic_net nRETNCPU0
connect_logic_net nRETNCPU0 -ports nRETNCPU0
# RFF
set_retention ret_cpu0 -domain PD_COREA \
    -retention_supply_set PD_COREA.default_retention \
    -save_signal {nRETNCPU0 negedge} \
    -restore_signal {nRETNCPU0 posedge}
# ISO
set_isolation iso_cpu_0 -domain PD_COREA \
    -isolation_supply_set PD_SOC.primary \
    -clamp_value 0 \
    -applies_to outputs \
    -isolation_signal nISOLATECPU0 \
    -isolation_sense low
# Power states updates for PD
add_power_state PD_CPU0 -domain -update \
    -state {RUN -logic_expr {nPWRUP_CPU0 == 0 && nPWRUPRetn_CPU0 == 0}} \
    -state {RET -logic_expr {nPWRUP_CPU0 == 1 && nPWRUPRetn_CPU0 == 0 &&
        nRETN_CPU0 == 0 && nISOLATE_CPU0 == 0}} \
    -state {SHD -logic_expr {nPWRUP_CPU0 == 1 && nPWRUPRetn_CPU0 == 1}}
```

```
# Power state update for supply set
add_power_state PD_CPU0.primary -supply -update \
    -state {ON -supply_expr {power == FULL_ON && ground == FULL_ON} \
    -logic_expr {nPWRUP_CPU0 == 0}} \
    -state {OFF -supply_expr {power == OFF || ground == OFF} \
    -logic_expr {nPWRUP_CPU0 == 1}}
```

最后，当设计准备好实现时，应为 UPF 提供特定工艺的物理实体，例如，特定电源集合的电源网络和电源端口，ISO 或 RFF 单元以及映射信息，PSW 的逻辑和物理控制以及电源连接。此外，还要使用电源表达式和精确的供电电压信息进一步更新电源状态。最终实现的 UPF 连接在先前的约束和配置 UPF 上，它们的组合完成了整个设计的 UPF 建模。

传统上，RTL 与约束和配置 UPF 一起被称为黄金源，并且在整个 DVIF 中保持固定。一旦黄金源指定的配置得到验证，它就与实现 UPF 相结合，完成综合、综合后和布局布线后的实施和验证过程。示例 3.60 表示图 3.3 中 SoC 设计的实现 UPF，与约束和配置 UPF 结合使用。

示例 3.60　实现 UPF 示例

```
# Supply Port & Net
create_supply_port VDD
create_supply_net VDD -domain PD_SOC
create_supply_net VDDSOC -domain PD_SOC
# Physical PSW connectivity
create_power_switch ps_SOC_primary -domain PD_SOC \
    -input_supply_port { VDD VDD } \
    -output_supply_port { VDDSOC VDDSOC } \
    -control_port { nPWRUPSOC nPWRUPSOC } \
    -on_state { on_state VDD {!nPWRUPSOC}} \
    -off_state { off_state {nPWRUPSOC}}
# Physical Supply net connectivity for Supply Set
create_supply_set PD_COREA.primary -update \
    -function {power VDDCPU0} -function {ground VSS}
create_supply_set PD_COREA.default_retention -update \
    -function {power VDDRCPU0} -function {ground VSS}
# Update of Power state with supply voltage
```

```
add_power_state PD_COREA.primary -supply -update \
-state {ON -supply_expr {power == {FULL_ON 0.81} && ground == {FULL_
  ON 0.00}}} \
  -state {OFF -supply_expr {power == OFF || ground == OFF}}
add_power_state PD_COREA.default_retention -supply -update \
-state {ON -supply_expr {power == {FULL_ON 0.81} && ground == {FULL_
  ON 0.00}}} \
-state {OFF -supply_expr {power == OFF || ground == OFF}}
```

清单 3.24 总结了建模约束、配置和实现 UPF 需要的特性。

清单 3.24　建模约束、配置和实现 UPF 需要的特性

（1）建模约束。
- 原子电源域
- 钳位值需求
- 保持器需求
- 基本电源状态
- 合法 / 非法状态和状态转换

（2）配置 UPF。
- 实际电源域
- 其他电源域电源
- 其他电源状态
- 隔离和保持策略
- 功耗管理需要的控制信号

（3）实现 UPF。
- 电源状态需要的电压更新
- 电平转换器策略
- 工艺库中的功耗管理单元映射
- 隔离器的位置更新
- 电源端口 / 线网 / 开关以及集合
- 电源状态表的端口状态

　　显然，UPF 的持续细化解决了 DVIF 中各种设计或 IP 资源的需求。例如，创建具有独立电源可管理约束的可重复使用 IP 的 IP 开发人员，配置 IP 模块并将它们与功耗管理逻辑集成在一起的系统集成商，将逻辑设计映射到特定工艺物理实现的实现人员。

UPF 持续细化的主要挑战之一是确定在特定设计寿命内保持功耗管理和低功耗约束。因此，这种 UPF 建模风格有时倾向于验证目标，特别是在约束和配置 UPF 层级的功率意图验证和仿真目标，而在实现层级则进行结构、架构、功能验证和仿真。

UPF 抽象选择起源于验证目标，不仅从设计师的角度建模功耗管理和低功耗技术，下一节讨论的可增量细化的 UPF 为设计人员提供了更大的灵活性，可以一次定义 UPF 对象，并在需要时无限制地进行细化。

3.3 可增量细化的UPF

可增量细化的 UPF 主要是指派生和细化 UPF 电源状态的过程。这些方法在 3.13 节中进行了深入讨论，并提供了相关示例，用于定义和延迟电源状态。

通过派生和细化创建一组互斥的子状态或完全基于原始电源状态的新状态，实际上是通过更新逻辑表达式（ *-logic_expr* ）完成的。适当的细化会修改原始电源状态，而不是创建新的电源状态，是通过 **add_power_state** 命令中电源状态的 UPF *-update* 选项完成的。

这两种细化过程都是以增量方式进行的。随着设计从 RTL 到门级网表或电源网表的转换，更精确的设计信息和特定参数逐步变得可用。因此，确定电源状态从初始抽象状态创建更具体的电源状态，而延迟电源状态则通过更新特定信息（如电压值、电源开关类型等）变得明确。

除 UPF 电源状态外，还有其他 UPF 命令及其参数支持增量细化，分别称为可细化命令和细化参数。

可细化命令可以在同一对象上多次调用，每次调用可能会向先前调用指定的参数添加附加参数。实际上，可能在第一次调用后添加的可细化命令的参数，称为细化参数。这样的参数在增量细化的每次迭代中以连续的方式添加，并且在第一次调用命令后可能具有有关该参数的附加信息。

因此，除 UPF 电源状态（UPF 建模和功耗感知验证的核心）之外，可增量细化的 UPF 还会对其他 UPF 命令进行响应。例如，电源域、电源集合和不同的 UPF 策略也通过 *-update* 选项进行细化。

除电源状态外，还有大量可细化的命令和细化参数，先了解电源域、电源集合和 UPF 策略等基本组成部分的可增量细化 UPF，然后扩展上下文以建模整个设计的 UPF。在下面的内容中，将详细讨论基本组成部分的可细化命令和细化参数语义。

1. 电源域的细化

UPF **create_power_domain** 命令定义的电源域也具有 *-update* 选项，可以像电源状态一样使用，逐步细化某些选项及其参数，例如，已定义电源域的 *-elements*、*-subdomains*、*-supply* 等。下面的示例通过在配置层级的 *-supply* 参数上使用 *-update* 来说明电源域细化，该电源域在约束层级之前未定义 *-supply* 信息。

示例 3.61 中逐步更新的 ISO 和 RFF 电源能够在 DVIF 的后续阶段定义相应的电源集合，并将它们与相应的电源域相关联，见示例 3.62。

示例 3.61　通过 *-supply* 参数进行电源域细化

```
# Snippet of CONSTRAINT UPF
set_design_top rtl_top
# Create power domain for memory controller
create_power_domain PD_mem_ctrl -elements {mc0}
# Snippet of CONFIGURATION UPF
# Update PD_mem_ctrl to include the isolation and retention supply
    sets
create_power_domain PD_mem_ctrl -update \
    -supply { retain_ss } \
    -supply { isolate_ss }
```

示例 3.62　DVIF 中后期进行电源域细化的应用

```
# Snippet of CONSTRAINT UPF
# add supply_sets still no voltage information needed
create_supply_set 0d81_ss
    # designate actual supply_sets for isolation and retention
      supples for  PD_mem_ctrl
associate_supply_set 0d81_ss -handle PD_mem_ctrl.isolate_ss
associate_supply_set 0d81_ss -handle PD_mem_ctrl.retain_ss
# Snippet of CONFIGURATION UPF
# Setup retention strategy for memory controller domain
```

```
set_retention mem_ctrl_ret \
  -domain PD_mem_ctrl \
  -retention_supply_set PD_mem_ctrl.retain_ss \
  -retention_condition {(mc0/clk == 1'b0)} \
  -elements {mem_ctrl_ret_list} \
  -save_signal {mc_save high} \
  -restore_signal {mc_restore low}
```

2. 电源集合的细化

电源集合细化参数是 *-update* 和 *-function*，显然与电源域的增量细化方式非常相似。UPF **create_supply_set** 命令定义新的电源集合，需要在实现 UPF 过程中更新物理电源和接地实体，见示例 3.63。重要的是要理解，这些电源集合迄今仅在约束层级上抽象定义，与不同的电源域相关联，没有具体的电源和电源接地端口详细信息。还需要知道电源接地细节是强制性的，以将电源和接地连接到每个设计单元，特别是布局布线层级。

示例 3.63 通过 *-function* 参数进行的电源集合细化

```
# Snippet of CONSTRAINT UPF
# add supply_sets still no voltage information needed
create_supply_set 0d99_ss
create_supply_set 0d81_ss
create_supply_set 0d81_sw_ss
# Designate primary supplies for all domains
associate_supply_set 0d99_ss -handle PD_top.primary
associate_supply_set 0d99_ss -handle PD_sram.primary
associate_supply_set 0d81_ss -handle PD_intl.primary
associate_supply_set 0d81_sw_ss -handle PD_mem_ctrl.primary
# Snippet of IMPLEMENTATION UPF
create_supply_set 0d99_ss -function {power VDD_0d99 } -function
  {groundVSS} -update
create_supply_set 0d81_ss -function {power VDD_0d81 } -function
  {groundVSS} -update
create_supply_set 0d81_sw_ss -function {power VDD_0d81_SW }
  -function{ground VSS} -update
```

在上面实现 UPF 的代码片段中，电源和接地功能实际上是通过物理端口和网络实现的，必须在更新之前按照示例 3.64 进行定义和连接。

示例 3.64　DVIF 中后期进行电源集合细化

```
# Snippet of IMPLEMENTATION UPF
# Create top level power domain supply ports
create_supply_port VDD_0d99 -domain PD_top
create_supply_port VDD_0d81 -domain PD_top
create_supply_port VSS -domain PD_top
# Create supply nets
create_supply_net VDD_0d99 -domain PD_top
create_supply_net VDD_0d81 -domain PD_top
create_supply_net VSS -domain PD_top
create_supply_net VDD_0d81_sw -domain PD_mem_ctrl
# Connect top level power domain supply ports to supply nets
connect_supply_net VDD_0d99 -ports VDD_0d99
connect_supply_net VDD_0d81 -ports VDD_0d81
connect_supply_net VSS -ports VSS
```

---

3. UPF 策略的细化

UPF 策略中的 ISO、LS、ELS、RFF、PSW 和 RPT 等也具有可细化的命令、细化选项和细化参数。所有 UPF 策略都通过 *-update*t 选项进行增量细化。对于 ISO、LS 或 ELS、RPT，*-update* 选项允许通过同一策略和同一电源域先前定义的补充信息进行细化，并且要求在同一范围内进行细化。而对于 PSW 和 RFF 的细化，则允许添加实例和保持策略。

示例 3.65 显示了 ISO 的细化，作为 UPF 策略细化的代表。

示例 3.65　通过 *-update* 进行 ISO 细化

```
# Snippet of CONFIGURATION UPF
# Setup ISO strategy for memory controller domain; No location
  information yet
set_isolation mem_ctrl_iso_1 \
  -domain PD_mem_ctrl \
  -isolation_supply_set PD_mem_ctrl.isolate_ss \
  -clamp_value 1 \
```

```
    -elements {mc0/ceb mc0/web} \
    -isolation_signal mc_iso \
    -isolation_sense high
# Update PD_mem_ctrl isolation strategies with -location info
set_isolation mem_ctrl_iso_1 -update \
  -domain PD_mem_ctrl \
  -location parent
```

因此，必须明显区分增量细化和持续细化在 UPF 中的根本差异，这对于在特定的 DVIF 周期开发 UPF 有重要作用。一般来说，增量细化对应 UPF 语义组件的相关细化，而持续细化对应利用细化的组件对验证和实现流程中要使用的整个设计的完整 UPF 进行建模。

更具体地说，增量细化表示如何进行细化，而持续细化表示何时进行细化。两者在同一空间内发生，但视角不同。

3.4　层级UPF

层级 UPF 在 UPF 建模方面与持续 / 增量可细化的 UPF 完全不同，尽管在开发层级 UPF 时持续细化与增量细化紧密集成。这里的工作是在 HDL 引用实例范围内在设计块层级开发 UPF，并通过直接调用或将其加载到 HDL 引用的直接或预期的分层顶部，以自下而上的方式逐渐或并行地为整个设计构建 UPF。但是，这种 UPF 开发严格依赖于持续可细化的流程和增量可细化的方法。在更广泛的层面上，层级 UPF 是功耗感知设计 – 验证 – 实现（DVIF）中的一个流程。

层级 UPF 的主要目标是简化模块层级设计验证，便于独立维护模块层级设计，以及通过综合过程实现模块层级设计。使用 UPF 进行模块层级功耗感知验证与综合比追踪整个 SoC 的验证和综合更简单。示例 3.66 显示了层级 UPF 的构造和组成。

示例 3.66　基于验证和实现考虑的层级 UPF 示例
```
set_design_top cpu_top
# Load Successively Refinable UPF
load_upf cpu_constraints.upf
```

```
load_upf cpu_configuration.upf
load_upf cpu_implementation.upf
# Fundamental Constituent Part of cpu_top UPF
# Creating PD, supply set, power states etc.
create_power_domain PD_top
.....
# load hierarchical UPF
load_upf PD_sub3.upf -scope umem_top
load_upf PD_sub2.upf -scope udecode_top
# New scope for mem sub domain
set_scope cpu_top/umem_top
# Further load of sub block Successively Refinable UPF
load_upf mem_constraints.upf
load_upf mem_configuration.upf
# Fundamental Constituent Part of mem UPF
# Creating PD, supply set, power states etc.
create_power_domain PD_sub3 -elements {.}
.....
# load hierarchical UPF for mem sub domain
load_upf sub3.1_PD.upf -scope cpu_top/umem_top/umem_sub
```

见示例 3.66，UPF 的层级导航发生在命令在逻辑层级结构范围内执行时。在示例 3.66 的后半部分，用 **set_scope** 命令在层级结构中导航，并将当前作用域设置为 cpu_top/umem_top，在其中执行命令。当前作用域用设计顶层实例的相对路径名表示。

set_scope 命令根据当前设计顶层实例或模块在子树中更改当前作用域。由于设计顶层实例通常是设计顶层模块的实例，具有相同的层级子结构，因此，**set_scope** 可以相对于模块进行编写，在应用于实例时也可以正确工作。**set_scope** 命令只允许在子树内更改作用域，不能将设计顶层实例的作用域更改为叶级实例的作用域。

因此，基于作用域层级，需要了解指定为顶层电源域的设计顶层实例的范围。

设计顶层实例和设计顶层模块通常在层级结构 UPF 中成对出现，见示例 3.66 中的 cpu_top。顶层实例用相对于根作用域的层级名称表示。与 SystemVerilog $root 一致，逻辑层级结构的根是 UPF 中的作用域，其中隐式实例化顶层模块的范围。逻辑层级结构的其他位置称为设计顶层实例，具有相应的设计顶层模块和当前作用域。

UPF 命令 **set_design_top** 将设计顶层模块与层级结构 UPF 流程中的每个实例相关联。通常，在这样的流程中，需要手动设置设计顶层实例和设计顶层模块。当调用或从相对顶层电源域通过 **load_upf** 命令加载子电源域 UPF 时，设计顶层实例会隐式更改为调用子电源域的当前作用域，并使用 **-scope** 参数，见示例 3.66 中的 PD_sub3.upf 和 PD_sub2.upf，其中作用域分别为 umem_top 和 udecode_top。

但是，在定义子电源域 **set_scope** cpu_top/ume_top 后，作用域将更改为本地实例的当前作用域，包括同一作用域内的所有派生子树。因此，可以允许 sub3.1_PD.upf 在当前作用域使用 **load_upf-scope** cpu_top/uem_top/uem_sub 命令进行调用。

可以独立开发模块级 UPF，并随时以自下而上的方式增加到相应的设计顶部。层级 UPF 作为一种流程简化了大型设计 UPF 的建模、维护和验证，并且在每次需要时都必须适应推荐的持续可细化流程、格式和增量可细化语义。

然而，还有其他建模层级 UPF 的前景，特别是在层级顺序中集成宏单元（软宏单元或硬宏单元）。这是层级 UPF 的次要产物，有助于宏集成，同时简化模块级设计验证、维护和综合。

宏集成是通过 UPF **set_port_attribute** 命令完成的，见示例 3.67。

示例 3.67　补充层级流程的 UPF 命令 set_port_attribute 语法

```
set_port_attributes
[-model name]
[-elements element_list]
[-exclude_elements element_exclude_list]
[-ports port_list]
[-exclude_ports port_exclude_list]
[-applies_to <inputs | outputs | inouts | {<inputs | outputs |
  inouts >*}>]
[-attribute {name value}]*
[-clamp_value <0 | 1 | any | Z | latch | value>]
[-sink_off_clamp <0 | 1 | any | Z | latch | value>]
[-source_off_clamp <0 | 1 | any | Z | latch | value>]
```

[*-driver_supply* supply_set_ref]

[*-receiver_supply* supply_set_ref]

[*-literal_supply* supply_set_ref]

[*-pg_type* pg_type_value]

[*-related_power_port* supply_port_name]

[*-related_ground_port* supply_ port_name]

[*-related_bias_ports* supply_port_name_list]

[*-feedthrough*]

[*-unconnected*]

[*-is_analog*]

[*-is_isolated*]

---

set_port_attributes 命令用于指定与模型或实例的端口相关联的信息。模型端口通过 *-model* 引用，实例端口通过 *-elements* 或 *-ports*（不带 *-model* 选项）选项引用。如果指定 *-model* 并且模型名称为（.）（一个点），则该命令适用于与当前作用域相应的模型。

除其他选项外，*-driver_supply* 和 *-receiver_supply* 分别对应 *UPF_driver_supply* 和 *UPF_receiver_supply* UPF 属性，如 3.1 节针对逻辑端口源和汇驱动机制所述。

这些选项或属性可用于指定宏单元输出端口的驱动器电源或宏单元输入端口的接收器电源。还可用于指定假定的驱动器电源，驱动主输入的外部逻辑，或指定假定的接收器电源，接收主输出的外部逻辑；特别是当宏单元单独实现，而不是与被实例化的上下文一起实现时。如果应用于不在宏边界上的端口，则忽略这些属性。

回顾图 3.3，考虑 CPU 集群 A，其中，任何软宏单元都需要集成到 PD_CPU0 作为参考电源域，重新绘制的图如图 3.7 所示。

图 3.7 PD_CPU0 电源域中的软宏单元集成

示例 3.68 显示了具有相应驱动器和接收器电源的宏单元的 **set_port_attribute** 命令。

示例 3.68　PD_CPU0 层级的宏集成 UPF 代码

```
# UPF in Context to PD_CPU
set_port_attributes -ports inP -driver_supply PD_CPU0.primary
set_port_attributes -ports outP -receiver_supply PD_CPU0.
  primary
```

图 3.7 中由云朵图形表示的外部宏单元是通过驱动器和接收器电源的接口或边界上下文来定义 inP 或 outP 端口的。电源使用 PD_CPU0 的可用电源或句柄（PD_CPU0.primary）进行建模。

但是，当从更高层级的角度考虑宏单元集成时，例如 CPU 集群 A，实际上是整个 SoC 或 PD_SOC，见示例 3.69，根据图 3.3 重新绘制图 3.8。

示例 3.69　PD_SOC 层级宏集成的 UPF 片段

```
# UPF in Context to PD_CPU
set_port_attributes -ports inP -receiver_supply PD_CPU0.primary
set_port_attributes -ports outP -driver_supply PD_CPU0.primary
# UPF in Context to CPU Cluster A or PD_SOC
set_port_attributes -ports top/inP -driver_supply PD_SOC.
  primary
set_port_attributes -ports top/outP -receiver_supply PD_SOC.
  primary
```

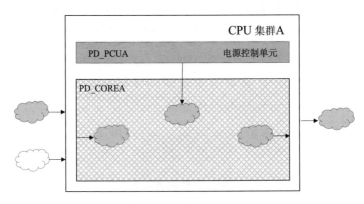

图 3.8　CPU 集群 A 的宏集成

需要注意的是，当从 PS_SOC 考虑更高层级的上下文时，PD_CPU0 的宏边界接口上下文发生变化。与示例 3.68 相比，示例 3.69 中 inP 和 outP 端口的驱动器和接收器电源颠倒了。

因此，层级 UPF 简化了模块级设计验证，简化了模块级和独立 UPF 的综合，并且在任何层级都有助于宏单元集成。

在本章的结语部分，可以明显看到 UPF 建模主要受功耗感知设计验证支配，其次是在设计实现的不同层级高效地适应 DVIF 的验证工作。

本章结语

第 3 章的主题是高效的 UPF 建模基础。为读者提供了探索低功耗设计和功耗感知验证的重要基础知识，以便于本书后续章节展开。本章从解释一般 UPF 结构的基本组成部分开始，通过 **create_power_domain** *-elements* {.} UPF 结构解释电源域。通过连接实际信号的常见端口定义，解释 HighConn、LowConn、域边界下限或上限、域接口、端口等。

当设计元素的一部分被限制在域内时，下一个重要的方面是提供电源。将 **create_supply_set** *-function* 或（和）*-update* 结构与 **associate_supply_set** *-handle*、**create_power_domain** *-supply*、*-update* 结构相结合，解释电源供应。接下来，通过综合的复杂 SoC 设计示例，详细解释 UPF 建模和功耗感知验证的关键因素——功耗状态。同时提到传统 PST（**add_port_state**、**add_pst_state** 和 **create_pst**）已经过时，**add_power_state** 通过"新状态"进行功耗状态的细化，通过 *-update* 选项进行延迟电源状态的细化，这就是它的优越性。

清单 3.17 ~ 清单 3.19 是编写 UPF 或进行功耗感知验证的参考要点。本章还解释了 UPF、ISO、LS、PSW、RFF、RPT 的功耗策略，以及语法、语义和实际用法。最后，通过持续细化和增量细化，解释 UPF 建模流程和构造细化特性。此外，本章结尾还介绍了 UPF 层级结构的优点和使用方法。

第4章 功耗感知标准库

本章将讨论和解释 UPF 功耗策略和宏单元的标准 Liberty 库的潜在属性。本章还解释了在功耗感知验证中使用其他非标准仿真模型库的构建、使用和要求。

基于多电压（MV）的功耗感知验证需要 Liberty 库中用于标准单元、MV 单元和宏单元的特殊功耗管理属性，这是出于两个原因。第一个原因是提供电源和接地（包括偏置）电源或者电源接地引脚信息，这对于功耗感知验证是必需的；第二个原因是为特殊功耗管理多电压单元和常规标准单元提供独特的属性。特殊的多电压单元包括隔离（ISO）、电平转换器（LS）、使能电平转换器（ELS）、常开缓冲器（AOB）、透传缓冲器或中继器（RPT）、二极管钳位、保持器触发器（RFF）、电源开关（PSW）、多电源和单电源宏单元。本章介绍功耗感知库或电源接地引脚库的标准要求，并从基于 UPF 的功耗感知验证视角提供多电压单元的建模示例。

在整个设计 - 验证 - 实现流程（DVIF）中，标准库发挥至关重要的作用。特别是对于功耗感知设计验证和实现，需要在行业标准库格式（称为 Liberty 库）中引入特殊的设计属性。Liberty 语法通常使用 ".lib" 文件扩展名。在功耗感知验证中，需要特殊的 Liberty 单元级和引脚级属性来表征标准单元、多电压单元和宏单元，并识别相应电源 - 电源接地引脚连接。

示例 4.1 和示例 4.2 显示了 LS 作为代表性多电压单元的通用和特定 Liberty 语法（.lib）。后续将使用特定单元示例提供基于 UPF 的功耗感知验证的简化说明。

示例 4.1 LS 单元通用 Liberty 语法

```
cell(level_shifter) {
is_level_shifter : true ;
level_shifter_type : HL | LH | HL_LH ;
input_voltage_range ("float, float");
output_voltage_range ("float, float");
...
pg_pin(pg_pin_name_P) {
pg_type : primary_power;
std_cell_main_rail : true;
...
}
pg_pin(pg_pin_name_G) {
```

```
pg_type : primary_ground;
...
}
pin (data) {
direction : input;
input_signal_level : "voltage_rail_name";
input_voltage_range ("float , float");
related_power/ground_pin : pg_pin_name_P/pg_pin_name_G ;
related_bias_pin : "bias_pin_P bias_pin_G";
level_shifter_data_pin : true ;
...
}/* End pin group */
pin (enable) {
direction : input;
input_voltage_range ("float , float");
level_shifter_enable_pin : true ;
...
}/* End pin group */
pin (output) {
direction : output;
output_voltage_range ("float , float");
power_down_function : (!pg_pin_name_P + pg_pin_name_G);
...
}/* End pin group */
...
}/* End Cell group */
```

示例 4.2　LS 单元特定 Liberty 语法

```
cell(A2LVLUO) {
is_level_shifter : true ;
level_shifter_type : HL_LH ;
input_voltage_range(0.8, 1.2);
output_voltage_range(0.8, 1.2);
....
pg_pin(VNW) { pg_type : nwell;
pg_pin(VPW) { pg_type : pwell;
pg_pin(VDDO){ pg_type : primary_power ;
```

```
pg_pin(VSS) { pg_type : primary_ground ;
pg_pin(VDD) { pg_type : primary_power ;
std_cell_main_rail : true ;
....
pin(A) {
related_power/ground_pin : VDD/VSS ;
related_bias_pin : "VNW VPW";
level_shifter_data_pin : true ;
....
pin(EN) {
related_power/ground_pin : VDDO/VSS ;
related_bias_pin : "VPW";
level_shifter_enable_pin : true ;
....
pin(Y) {
related_power/ground_pin : VDDO/VSS ;
related_bias_pin : "VPW";
power_down_function : "!VDDO+(!VDD&EN)+VSS+VPW+!BIASNW";
```

4.1 Liberty功耗管理属性

特殊的单元级属性见示例4.3，可将此特定单元归类为LS。

示例4.3 用于LS的特殊单元级属性

- is_level_shifter:true
- level_shifter_type:HL_LH
- input_voltage_range
- output_voltage_range

当这些属性缺失时，LS将被视为普通标准单元。示例4.4中列出的属性，被称为引脚级属性。

示例4.4 用于LS的特殊引脚级属性

- pg_pin
- pg_type

- related_power
- related_ground
- bias_pin
- std_cell_main_rail
- power_down_function

值得一提的是，一些 Liberty 属性也作为预定义的属性名在 UPF 中隐式存在。UPF 支持对设计中对象的属性进行规范，因此，UPF 允许这些属性与设计代码中的 HDL 规范或 Liberty 库中的 Liberty 属性规范一起使用。表 4.1 展示了与 UPF 预定义属性名相关的 Liberty 属性。

表 4.1 Liberty 属性和对应的 UPF 属性

Liberty 属性	UPF 预定义属性
pg_type	UPF_pg_type
related_power_pin	UPF_related_power_port
related_ground_pin	UPF_related_ground_port
related_bias_pins	UPF_related_bias_ports
is_hard_macro	UPF_is_hard_macro

需要注意的是，还有其他 Liberty 属性与 UPF 语法相关，但与本文的讨论无关。

继续以 LS 示例为例，'pg_pin' 和 'pg_type' 属性共同决定单元的电源、接地和偏置引脚连接的规格。通常对应 UPF 中指定单元所属电源域的主要电源（VDD、VDDO）、接地（VSS）和偏置（VNW、VPW）电源。

'input_voltage_range' 和 'output_voltage_range' 是单元（cell）在所有可能的操作条件下所有输入或输出引脚的电压范围（0.8 ~ 1.2V）。'related_power/ground_pin' 和 'related_bias_pin' 为单元的每个输入或输出逻辑端口或引脚提供相关的电源、接地和偏置信息。

相关的电源信息通过 'pg_pin' 属性强化，该属性指示电源的功能，即它是主要电源还是主要接地。对于单电源电路，当只有一个电源和接地的电源集合时，所有输入或输出只有一个相关的电源集合。但是，对于多轨单元，尤其是多电压和宏单元，例如 LS（多电压单元），通常具有不同的输入和输出相关电源。

图 4.1 显示了 LS 单元，其中包含所有输入和输出引脚的电源接地引脚信息。这里输入引脚（A）的相关电源是 VDD/VSS，输出引脚（Y）的相关电源是 VDDO/VSS。

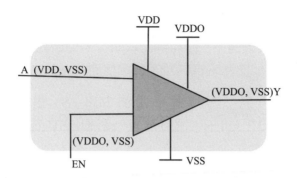

图 4.1 带电源接地引脚信息的电平转换器

'std_cell_main_rail'属性定义被视为主轨道的主要电源引脚（VDD）。这是一个在布局布线后层级放置和布线时需要的电源连接参数。'power_down_function' 表达式标识由电源、接地和偏置引脚不同状态组成的布尔条件，表示单元的输出引脚何时会被这些电源、接地和偏置引脚关闭。'power_down_function' 在库中定义，仅用于验证目的。更准确地说，该函数完全用于基于 UPF 的动态仿真，当电源域（单元所在）断电或切换到关闭状态时，有助于验证工具理解单元的损坏行为。

在断电或电源不足以正确驱动逻辑的情况下，破坏语义由功耗仿真器施加，对单元的内部序列元素、输入和输出信号、端口和引脚进行更改，以使它们的常规值变成未知值。它实际上定义了一个规则集，决定逻辑元素在电源不足和断开电源时的行为。破坏通常是指逻辑元素或信号的值变得不可预测。因此，破坏逻辑通常被指定为 1'bx、1'b0 或 hi'z，具体取决于逻辑类型或用户偏好。有关破坏语义的细节将在第 5 章进一步讨论。

有关电源关闭函数的详细信息在后续章节中讨论其他库格式时进行讨论。Liberty 库对于后综合、门级静态验证是必需的，在某些情况下也可用于动态功耗仿真。从上面的示例和讨论中可以看出，对于任何多电压单元或宏单元的 Liberty 语法，单元级和引脚级属性都是必需的。但是，对于用于功耗验证的标准单元，只有引脚级属性适用，因为没有特殊属性用于区分标准单元。UPF 2.1 和 3.0 LRM 支持 Liberty 2009.06 版本的语法，由开放的 Liberty 组织发布的最新版本是 2015.12。

4.2 功耗感知仿真验证模型库

除 Liberty 标准库之外，还有其他格式的非标准行为模型库，大多以 .v

或 .vhd 为文件扩展名在 HDL 层级建模。这些（.v 或 .vhd）模型库专门用于动态仿真验证，并且以 PA 仿真模型库和非 PA 仿真模型库两种不同的格式提供。因此，这些模型库可能包含也可能不包含电源引脚和接地引脚信息。标准单元和多电压单元模型通常写为 Verilog HDL 模块，并使用 Verilog 内置原语或用户定义原语（UDP）来表达标准单元相对简单的行为。可以使用 VITAL 包将它们写成 VHDL 设计实体（独立和结构对），VITAL 包提供了类似 Verilog 的基本建模能力。

类似地，硬件宏仿真模型库可以用 Verilog 和 VHDL 任一语言编写，并使用更复杂的行为结构，如 Verilog 中的 initial 模块和 always 模块，或 VHDL 中的 process 语句和并行语句。但是，PA 仿真模型库和非 PA 仿真模型库不像 Liberty 库那样标准化。示例 4.5 是用 Verilog HDL 建模的 LS 单元行为仿真库。

示例 4.5　LS 单元行为非 PA 仿真模型库

```
module A2LVLUO (Y, A, EN);
output Y;
input A, EN;
and I0 (Y, A, EN);
endmodule
```

从这些示例可以看出，非 PA 仿真模型库是没有任何电源、接地和偏置或电源接地引脚信息的功能行为模型。而 PA 仿真模型库提供更精确的功耗信息，包括准确匹配标准 Liberty（.lib）库中对应电源接地引脚的信息。PA 仿真模型库还包含类似于标准 Liberty（.lib）文件的断电关闭功能（示例 4.6 中的条件赋值语句）。

示例 4.6　LS 单元行为 PA 仿真模型库

```
module A2LVLUO (Y, A, EN, VDD, VDDO, VSS, VNW, VPW);
output Y;
input A, EN;
inout VDDO, VDD, VSS, VNW, VPW;
and I0 (out_temp, A, EN);
assign Y = ((VDDO === 1'b1) && (BIASNW === 1'b1) && (VPW ===1'b0) &&
    (VSS === 1'b0) && (!EN|VDD === 1'b1))? out_temp : 1'bx; endmodul
```

仿真模型库的命名方式表明，它们的构造实际上决定 PA 仿真的基本方面。因此，值得注意的是，基于 UPF 的功耗验证环境具有三种不同类型的库，针对设计 – 验证 – 实现流程的不同目的和阶段，可能包括 PA 仿真模型、非 PA 仿真模型和 Liberty 库，这完全取决于仿真工具和 UPF 方法如何使用这些库，是单独使用还是组合使用，如何解释它们，以及如何处理它们以产生目标功耗感知验证结果。

接下来的章节重点介绍先前定义的非 PA 仿真模型库和 PA 仿真模型库（示例 4.5 和示例 4.6），具体是如何将这些库与 UPF 及对应的标准 Liberty（.lib）库结合起来，为验证工具提供电源接地引脚信息，实现电源接地引脚连接和断电破坏行为，以进行准确的功耗感知仿真验证。

4.2.1 非PA仿真模型库

如前所述，非 PA 仿真模型库只是行为功能模型，没有显示电源端口或相关电源状态，与 Liberty 库或 PA 仿真模型中提供的断电关闭功能不同。验证工具（特别是仿真器）只有在模型中没有电源接地引脚声明时才将仿真模型标识为非 PA。仿真器通常用以下方式解决电源接地引脚连接和功耗相关的仿真破坏语义问题。

首先，工具会搜索单元对应的 Liberty（.lib）文件，并将 Liberty 库中所有电源接地引脚连接到单元实际所在的通过 UPF 指定的电源域。由于单元的相应 Liberty 库可用，因此，单元的输出破坏功能也是基于 Liberty 库中的断电关闭功能执行的。当单元的 Liberty 库不可用时，第二种方法出现。工具会将单元隐式连接到其所在电源域的主要电源上。针对这种情况的电源相关破坏适用于单元输出，基于电源域主要电源的电源状态，通常表示为 *-simstate*，见示例 4.7。

示例 4.7　通过 *-simstate* 定义的电源状态

add_power_state PD_sub1.*primary* **-state** INT_ON { **-supply_expr** {
　(*power* == FULL_ON) && (*ground* == FULL_ON) } **-simstate** NORMAL}
add_power_state PD_sub1.*primary* **-state** INT_OFF { **-supply_expr** {
　(*power* == FULL_OFF) && (*ground* == FULL_OFF) } **-simstate** CORRUPT}

这里假设非 PA 仿真模型库被实例化为属于 PD_sub1 电源域的分层元素。它有两种电源状态，在 INT_ON 时，*-simstate* 为 NORMAL，单元的输出不受影响；在 INT_OFF 时，*-simstate* 为 CORRUPT，输出会被破坏。

非 PA 仿真模型库非常适合建模具有单一电源的标准单元，通常用于综合后、门级功能验证或纯非功耗感知验证环境的逻辑仿真。可以将 UPF 和相应的 Liberty 库相结合，在综合后的门级直接适应功耗感知仿真验证环境。

4.2.2　PA仿真模型库

相反，PA 仿真模型库完全展示了单元的所有电源、接地、偏置和相关电源端口或者说电源接地引脚。它还定义了断电功能。在 PA 仿真模型库中，电源接地引脚通常被定义为输入端口和输出端口，也可以被定义为内部寄存器、线路或电源网络类型、电源 0 和电源 1 类型等。在下一节讲解的扩展 PA 仿真模型库中，电源接地引脚作为内部信号类型更为常见。

PA 仿真模型库还包括监控电源端口的行为代码，根据电源和逻辑端口的事件或值适当破坏其内部状态和输出。但是，必须通过 UPF **connect_supply_net** 或 **connect_supply_set** 显式命令将外部验证平台和 UPF 电源连接到 PA 仿真模型库的电源端口。显式 UPF 连接禁用基于 simstate 的破坏语义，与前一节介绍的非 PA 仿真模型库不同。因此，Questa® 功耗感知仿真器（或 Questa® PA-SIM）允许 PA 仿真模型库（.v）优先应用破坏语义。仿真器仅驱动适当的电源值到单元的电源接地引脚——当 VDD 关闭时（示例 4.6），输出 Y 将变成 1'bx。

显然，在使用 PA 仿真模型库进行功耗感知验证时，相应的 Liberty（.lib）库不是必需的。PA 仿真模型库更适合建模多电源宏，特别是针对布局布线后电源网表层级的功耗感知仿真验证，因为电源网表包含电源接地引脚连接以及单元的逻辑功能。

Questa®PA-SIM 还支持基于 UPF 预定义属性的自动连接，前提是电源端口具有与其相关的 **UPF_pg_type** 属性——通过 HDL 属性规范或基于 pg_type 的 UPF **set_port_attributes** 命令。在这种情况下，将基于端口的 pg_type 插入适当的值转换表（VCT），见示例 4.8。

示例 4.8　在 HDL 中使用 UPF 预定义属性

对于 VHDL：vdd_backup 的 UPF_pg_type：信号是 "backup_power"

对于 System Verilog：(* UPF_pg_type = "backup_power" *) input vdd_backup;

4.2.3 扩展PA仿真模型库

除了非 PA 仿真模型库和 PA 仿真模型库，还有一种功能和功耗仿真模型库的结合形式，通常被称为集成 PA 仿真模型库或扩展 PA 仿真模型库。扩展库的需求来自于独特的验证工件，可用于非功耗常规功能（逻辑）验证，也可用于功耗验证环境，同时在两个环境中保持功能和电源处于有效状态。这是可取的，因为有时候针对硬宏单元的仿真模型在两个验证环境都可以使用，不需要添加额外的层级结构，也无须断开电源端口，只有扩展 PA 仿真模型库才能实现这一点。

扩展 PA 仿真模型库的基本电源相关构造与 PA 仿真模型库不同，电源端口的声明语义也不同。PA 仿真模型库将模型接口的端口声明为输入或输出类型，扩展 PA 仿真模型库的电源端口在 HDL 仿真模型中被定义为内部线路或寄存器，以及电源网络类型、电源 0 和电源 1 类型。示例 4.9 解释了扩展 PA 仿真模型库的结构。

示例 4.9　宏单元行为集成或扩展 PA 仿真模型库

```
module PVSENSE (RTO, SNS, RETON);
output RTO,SNS;
input RETON;
supply1 DVDD, VDD;
supply0 DVSS, VSS;
reg RTO_reg, SNS_reg;
assign RTO = DVDD? RTO_reg:1'bx;
assign SNS = DVDD? SNS_reg:1'bx;
always @(VDD)
if (!VDD)
RTO_reg = !RETON; SNS_reg = RETON;
else
RTO_reg = 1'b1; SNS_reg = 1'b1;
endmodule
```

集成模型仅定义电源（DVDD、VDD、DVSS 和 VSS），不考虑其他电源接地引脚，包括偏置和相关电源、接地引脚，通常在 Liberty（.lib）库的对应引脚中可用。在非 PA 仿真模型库中，这些电源信号被定义为内部对象，赋值默认常量值来提供正常的功能。在使用 Questa® PA-SIM 进行功耗感知仿真时，

UPF 电源网络通过 **connect_supply_net** 或 **connect_supply_set** 命令或基于 **UPF_pg_type** 属性的自动连接与内部对象连接（类似于 PA 仿真模型库），UPF 电源网络覆盖模型的默认常量值，模型行为类似于 PA 仿真模型库。

具体来说，在示例 4.9 中，电源（VDD）和接地（VSS）被定义为符合 UPF LRM 规范的电源 1 和电源 0，也就是将电源指定为 1'b1，接地指定为 1'b0。在功耗感知仿真过程中，Questa®PA-SIM 提供了与模型的 VDD 和 VSS 的连接，并具有 UPF 中指定的相应电源域主电源和接地。因此，这样的模型很容易用于 RTL（将电源视为 1'b1，接地视为 1'b0 常量值）和 UPF 的综合后门级功耗感知仿真，其中实际的物理宏单元已经插入（考虑 VDD 和 VSS 通过 UPF 电源网络连接，可以从验证平台驱动）。

扩展 PA 仿真模型库也可用于布局布线后电源网表级的 UPF 功耗感知仿真，因为宏单元的电源和接地的物理连接已经在网表中可用，UPF 通过与综合后门级功耗感知仿真类似的电源网络连接，提供与内部定义的电源（VDD）和接地（VSS）的连接。值得一提的是，如果可以使用常规 PA 仿真模型库，基于电源网表的功耗感知动态仿真验证就不需要 UPF。表 4.2 总结了 Questa® PA-SIM 的库要求。

表 4.2 功耗感知仿真验证的库需求

设计流程	设计抽象层级	用于静态验证的库	用于动态验证及仿真的库
基于集成、算法、规格、IP 的设计实例	纯 RTL	.lib 库：多电压和宏单元有 .v 模型库：没有	.lib 库：没有 .v 模型库：有
	例化了多电压和宏单元的 RTL	.lib 库：多电压和宏单元有 .v 模型库：多电压和宏单元有	.lib 库：没有 .v 模型库：多电压和宏单元有
综合	门级网表	.lib 库：有 .v 模型库：有	.lib 库：没有 .v 模型库：有
布局布线	电源网表	.lib 库：有 .v 模型库：有	.lib 库：没有 .v 模型库：有
	非电源网表	.lib 库：有 .v 模型库：有	.lib 库：没有 .v 模型库：有

在这一点上，扩展 PA 仿真模型库在不同仿真环境和不同设计抽象层级具有更高的适应性——从 RTL 到电源网表。根据验证目标和目的，尤其是对于功耗感知验证，4 种类型的库都变得相关和有用。这些库的要求不同，取决于设计抽象层级，但可能不需要同时在功耗感知仿真环境中使用 Liberty（.lib）库和仿真模型（.v）库。因此，了解 Questa® PA-SIM 如何处理库，并在考虑特定类型或在仿真环境中提供多种类型的库时指定优先顺序也很重要。

本章结语

第 4 章生动地解释了多电压单元和宏单元的基本 Liberty（.lib）库属性，这些属性对于静态功耗验证和动态功耗验证至关重要且必不可少。这些属性包括 pg_pin、pg_type、related_power、related_ground、bias_pin、std_cell_main_rail 和 power_down_function。power_down_function 仅用于动态功耗仿真，当单元所在的电源域处于关闭状态时，用于操作单元的破坏行为。

除 Liberty 标准库之外，还有三种类型的非标准行为模型（.v 或 .vhd）库，分别是非 PA 仿真模型库、PA 仿真模型库和扩展 PA 仿真模型库。在非 PA 仿真模型库中，电源接地引脚或电源端口信息不可用，而在 PA 仿真模型库和扩展 PA 仿真模型库中，电源接地引脚明确声明为 in、out、inout 或 supply_net_type、supply0 和 supply1 类型。此外，这些 PA 仿真模型库的电源接地引脚和逻辑引脚或端口必须与相应的 Liberty 库完全匹配。非 PA 仿真模型库主要用于动态仿真器编译目的，并与实际存在的单元所在电源域的主要电源连接。

UPF-*simstate* 的电源状态对破坏非 PA 仿真模型库负责。PA 仿真模型库和扩展 PA 仿真模型库负责自行应用破坏语义。这些模型库通过 UPF **connect_supply_net** 或 **connect_supply_set** 显式命令，强制连接到 UPF 电源和外部验证平台的电源网络。显式 UPF 连接禁用基于 **-simstate** 的破坏语义，这与之前介绍的非 PA 仿真模型库不同。因此，动态仿真器如 Questa® PA-SIM 允许 PA 仿真模型库（.v）优先定义并自行应用破坏语义。扩展 PA 仿真模型库的一个重要特征是，它可用于非功耗感知常规功能（逻辑）验证和功耗感知验证环境，同时在两个环境保持功能和电源处于激活状态。此外，表 4.2 是读者理解和实际运行静态功耗验证和动态功耗验证的参考。

第 5 章　基于UPF的
　　　　　动态功耗仿真

本章介绍功耗感知动态仿真（以下简称动态功耗仿真）的基础。作为补充，本章通过解释 Questa® PA-SIM 的验证实践提供一种实用的方法。本章首先解释动态功耗仿真的基本主题，并与非功耗感知仿真进行区分。读者将逐步了解动态功耗验证、库和测试平台要求、自定义动态功耗验证器、门级仿真、仿真结果及调试技术等高级主题。

如第 2 章所述，基于 UPF 的功耗感知（PA）验证根据目标设计实现和 UPF 功耗规范或功耗意图采用几种低功耗技术。这些技术在功能和结构方面引入许多复杂的验证问题和挑战。这些问题在非功耗验证环境中完全不存在。功耗感知要求可能会影响设计的功能，例如开关序列、不同功耗操作模式、状态或数据保持操作、数据传播、逻辑分辨率、电源状态、电源状态转换覆盖率、电源状态交叉覆盖率等。

这些结构问题在物理层面影响设计的体系结构和微体系结构，体现为设计中 PSW、ISO、LS、ELS、RPT 和 RFF 单元的物理插入要求。出于以下几个原因，需要功耗管理单元和多电压（MV）单元进行电源关断。可以防止在关电源域和开电源域之间传递不准确的数据，并确保在由高至低或由低至高的电源域之间有准确的逻辑分辨率。确保在非电源域的控制、时钟和复位信号上能适当地插入馈通缓冲器。同时保证数据或状态保持、主电源、接地、偏置、备用电源连接等。显然，这样的功能问题和特殊单元的结构变化或物理积累可以通过使用适当的方法和功耗感知仿真、静态功耗验证技术来正确解决。

接下来的章节讨论这些验证技术和方法，用于调试和解决从 SoC 到处理器核心的设计上可能的低功耗技术的相关问题。

5.1　动态功耗验证技术

动态功耗验证主要基于模拟设计的动态功耗相关功能，采用一定的低功耗技术通过功耗意图（或 UPF）进行验证。很明显，这种验证需要一个启用功耗分析的功能性验证平台和激励，以确保设计在芯片上实现时能按照 UPF 中定义的结构和功耗规范完全按照预期运转。

除启用功耗验证平台、UPF 和正在进行功耗验证的设计之外，动态功耗仿真环境还需要启用电源接地引脚的 Liberty 库和非标准 PA 仿真模型库，这些内容在第 4 章已经讨论过了。虽然这些库的要求因设计抽象层级（从 RTL 到电源网表）而异，但 Liberty（.lib）库和仿真模型（.v）库并不一定同时需要在

PA-SIM 环境进行验证设计。Questa® PA-SIM 工具库的要求已在第 4 章的表 4.2 中总结。

本章的后续章节将解释动态功耗仿真的技术和要求。最终，按顺序讨论工具特定的命令、选项、验证环境设置、输入要求、输出结果、调试方法、自动化验证协议和特殊功能，如与功耗相关的状态转换、转换覆盖率等。有助于读者深刻理解动态功耗仿真技术，并在每个芯片设计中熟练应用它。

5.2　动态功耗仿真：基础

功耗仿真与常规功能仿真环境相比有显著的不同。其中一个区别是破坏语义，它允许内部时序元素和输出信号在断电期间赋值为未知值。因此，PA-SIM 根据 UPF 规范在设计的各部分引入开关机情况和序列，这些情况在工具内部进行处理。

破坏语义实际上是通过 UPF *-simstate*（在第 3 章中讨论）、Liberty 库和 PA 仿真模型库（在第 4 章中讨论）引发的。实际的破坏取决于 HDL 语义和 PA-SIM 内部的仪表功能。值得注意的是，破坏语义对整体的动态功耗仿真行为，特别是仿真结果和调试技术有重要影响。

在 PA-SIM 设计中，通过使用 UPF 规范的基于驱动程序的破坏，在 RTL 中隐含破坏语义。而在门级网表层面则通过基于 Liberty 库的破坏实现。工具通常会对设计的内部时序元素或输出信号进行破坏处理。

旨在通过在断电或电源不足的情况下，将逻辑中的规则已知值更改为未知值（1'bx 或高阻抗 'hiz 或 1'b0）来模拟真实世界的现象，以正确驱动这些逻辑。它实际上定义了规则，这些规则决定了逻辑元件在电源不足和断开时的基本行为。破坏通常是指逻辑元素或信号的值变得不可预测，通常根据用户偏好将其分配给 1'bx（用于 4 状态逻辑）或 1'b0（用于 2 状态逻辑）或者 'hiz。

在 PA-SIM 环境中，破坏通常应用于信号的驱动器，并传播到信号的所有汇聚扇出，除非它与源隔离。当一个电源域或设计实例被关闭时，特定断电实例中的每个顺序元素和驱动的每个信号都将被破坏。

一般来说，只要电源保持关闭，断电实例就不会发生额外活动。实践中，模拟器有责任从设计中识别驱动器并相应地应用破坏。但是，驱动器的概念因设计抽象层级的不同而有所不同。例如，在 RTL、门级网表和电源网表中，默认情况下，Questa®PA-SIM 会根据示例 5.1 中的规则查找驱动器程序并应用破坏。

示例 5.1　在不同设计抽象层级查找驱动器的规则

（1）在 RTL 中：所有包含算术或逻辑操作或条件执行的语句都被视为驱动器，Questa® PA-SIM 会在关闭电源时应用破坏。无条件赋值和 Verilog 中的 'buf' 原语不被视为驱动器，在关闭电源时不会引起破坏，但它们不会隔离并可能传播来自上游驱动器的破坏信号。

（2）在门级网表和电源网表中：所有单元实例都被视为包含驱动器。因此，门级网表的缓冲单元实例在关闭电源时会引起破坏。

设计实例的电源上电时，PA-SIM 会自动从电源关断实例内的所有顺序元素和信号中撤回破坏活动。所有条件连续赋值语句将再次对其表达式的变化敏感。

类似地，任何其他组合过程，如 **always_comb** 模块，都会恢复其正常的敏感性列表操作。需要注意的是，内部时序元素在上电后的下一个时钟周期会重新评估。所有连续赋值和其他组合过程在通电时进行评估，以确保常数值和当前输入值得到正确传播。

传统上，仿真工具是基于这样的假设构建的，即以不同的 HDL 参考语言（如 Verilog、SystemVerilog、VHDL 等）表示的设计会在仿真周期的启动时上电，并保持上电状态直到所有仿真事件终止。但是，这个假设与当前设计的功耗要求不符，因为当前单个芯片上集成了众多特性和功能。

根据设计的复杂性和实现目标，通常采用第 1 章讨论的低功耗技术。验证工具，包括动态仿真器，需要进行工具增强以满足这些设计中集成的众多功耗设计功能和低功耗技术的要求。

仿真中的传统 HDL 上电假设和 PA-SIM 的破坏语义共同对 DUT（待测试设计）的行为代码产生特殊影响。具体而言，行为部分的 "initial begin ~ end" 模块在非 PA 仿真和 PA 仿真中都只执行一次，并保留评估的状态或值。因此，由于破坏语义，在 PA 仿真设计中，需要特别关注行为级代码。

这些行为级代码必须事先确定，并放置在常开电源域中。因为这些代码通常包含初始块，其中的变量在断电会话期间被破坏，即使上电或恢复，这些破坏语义仍然保留。因此，对于 PA-SIM 工具，必须制定一种机制来识别行为级代码，以将其隔离在常开电源域中，或者通过设备重新触发机制，使初始块在电源恢复后重新初始化。

Questa® PA-SIM 动态仿真验证环境支持在任意设计中采用低功耗技术的各种变体和组合，包括 SoC、ASIC、MCU 到 CPU 核心，从 RTL 到综合后的门级网表，以及布局布线后的非 PG 或 PG 网表的任意设计抽象层级。

Questa® PA-SIM 的 PA 工具可以在仿真过程中模拟所有上电 / 断电情况或序列，根据 UPF 规范推断虚拟电源域、其关联的电源架构、电源状态、状态转换以及不同的电源策略（ISO、ELS、RFF、PSW 等），并应用破坏语义，即使在设计中没有实际插入功耗管理架构。这些提供了基于电源规范在模拟器内抽象出完整功耗管理基础设施的灵活性，并允许从设计周期的早期阶段就评估设计在硅上的确切表现。

Questa®PA-SIM 提供了 RTL UPF 对象、参数和策略的虚拟推断，当只有少数多电压单元或宏单元被实例化时，这种能力也被扩展用于混合 RTL。当 PSW 或 RPT 尚未实现时，它在门级网表中得到进一步扩展。在常规功能验证平台的基础上，需要适当的电源注释验证平台，以模拟完整的功耗管理架构，无论是虚拟推断的还是设计中实际存在的。PA 验证平台的细节将在接下来的章节中讨论。

5.3 动态功耗仿真：验证特性

正如前几章讨论的那样，动态功耗验证（以及静态功耗验证）在 DVIF 的每个设计阶段都是必需的，如图 5.1 所示。Questa® PA-SIM 在所有设计抽象层级提供动态仿真能力，从综合前到综合后再到布局布线后网表。

通常，在 RTL 阶段 PA-SIM 的输入要求包括约束配置 UPF、增强 PA 验证平台以及任意 HDL 格式的 DUV（待验证设计）。动态功耗仿真一旦通过，设计通常会经历综合过程，并生成具有实际标准、多电压和宏单元插入网表的门级网表。在综合过程之前和之后，UPF 会根据相关信息进行扩展。

综合后的 PA-SIM 输入要求包括门级网表、扩展 UPF、Liberty 标准或 PA 仿真模型库。只有验证平台可以直接从 RTL PA-SIM 环境中重复使用。门级网表层级的基本 PA-SIM 验证目标与 RTL 层级的验证目标相同。多电压和宏单元的物理存在会触发基于控制、使能、时钟和复位的辅助验证，在某些情况下还会涉及与寄存器相关的信息。

此外，在布局布线之后，生成电源网表，其中包括详细的电源开关网络、

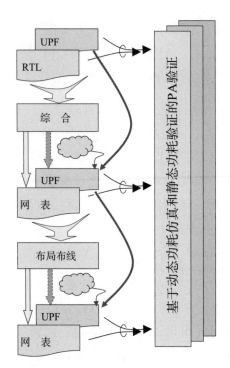

图 5.1 设计 – 验证 – 实现流程中不同层级的动态功耗仿真和静态功耗验证需求

常开连接以及所有单元的电源、接地和偏置连接。显然，在布局布线的 UPF 中，补充了详细的实现技术相关参数，例如，PSW 和所有多电压单元、宏单元的电源接地连接性。对电源网表而言，PA-SIM 与 UPF 是可选的，因为所有多电压单元、宏单元的电源接地连接性已经在电源网表中可用。因此，电源网表、验证平台和包含单元功能的 PA 仿真模型足以执行动态功耗仿真，甚至可以使用任何非动态功耗仿真器进行仿真，这是理想情况。

通常需要将综合后的动态仿真结果与布局布线结果进行交叉比较，特别是在尚未放置 PSW、馈通缓冲器和常开单元的情况下。因此，在布局布线层级生成非电源网表是可选的。通过 PA-SIM 进行非电源网表和门级网表的仿真必须使用完全相同的输入，例如，相同的 Liberty 库、相同的 PA 仿真模型库等。

因此，对于 PA 设计验证标准，输入要求和输出结果因设计抽象层级的不同而有很大差异。采用第 2 章讨论的低功耗技术，会给验证带来全新的变化。尽管如此，PA-SIM 验证标准非常广泛、复杂，通常需要考虑特定于设计实现的方面。作为一般经验法则，通常需要验证 PA-SIM 中的 PA 特征，见清单 5.1。

清单 5.1　动态功耗验证的一般要求

（1）UPF 策略（ISO、LS、ELS、RFF、PSW、RPT 等）有效运行。

（2）在 UPF 中指定的功耗意图正确，并与设计中的策略相匹配。

（3）上电／断电按预期顺序进行，同时启用或禁用所需的 UPF 策略。

（4）UPF 策略的控制信号，如 ISO 和 ELS 的使能，RFF 的保存和恢复，PSW 的控制和确认信号，按照上电／断电的顺序正确进行。

（5）状态和数据保持寄存器保留准确的状态和数据。

（6）整个设计恢复电源时被正确地重新初始化（初始块）。

（7）设计中的行为代码在常开电源域中是分开的。

（8）寄存器和时序元件在通电时被重置。

（9）电源状态转换按正确的顺序进行。

（10）状态转换覆盖率完整。

Questa® PA-SIM 为上述所有功能提供动态验证。具体来说，利用带 PA 注释的验证平台，PA-SIM 通过内置的自动化消息系统验证自动化功耗感知断言（也称为动态序列验证器）。这些序列断言是自发的，通常只在仿真中出现与功耗相关的异常时触发。例如，在模拟保存和恢复序列的过程中，以及电源恢复后验证保持寄存器的准确数据恢复时，Questa®PA-SIM 将触发清单 5.2 中的断言，以及 PA 注释的模拟结果，这些结果可以通过波形的 HDL 系统任务转储。

清单 5.2　电源序列断言示例

（1）断电断言：在电源域断电期间，如果未断言保持条件（保存），工具将生成"未断言保持条件"的断言。

（2）上电断言：在电源域上电或从断电状态恢复电源，如果未断言保持条件（恢复），工具将生成"未断言保持条件"和"上电和保持条件不按正确的顺序"的断言。

上述两个断言对于本章讨论的主－从保持寄存器和气球－锁存保持寄存器同样适用。

（3）时钟／锁存使能断言：在主－从保持寄存器中，在断电、上电或恢复电源期间，当保持条件（保存或恢复）未达到触发保持功能所需的层级（1'b1 或 1'b0）时，该断言将标记错误。对于气球－锁存保持寄存器，通常需要在保存或恢复过程中将时钟或锁存使能设置为特定的值（1'b1 或 1'b0），以避免在保持寄存器存储的数据中出现潜在的竞争条件。

（4）时钟翻转断言：断电事件发生时，需要停止时钟的跳变。尽管这样的断言对于任何断电情况都适用，无论保持策略如何，但是时钟的跳变可能会破坏内部保留的数据，因此该断言的目的是指出在断电和保持期间时钟是否发生了跳变。

以上只是仿真中可用的自动化断言的几个例子，包括保存时保持条件关闭（启用保持）或恢复时保持条件跳变（禁用保持）等。

显然，在 PA-SIM 环境中，大多数 UPF 策略（包括 ISO、PSW、ELS 和 LS，以及它们的控制、使能和确认信号）都需要丰富的自动化断言资源。由于 PA-SIM 内置的自动化断言与验证平台内部协调，因此产生的消息始终伴随精确仿真时间戳。它们和带有 PA 注释的转储波形一样，始终是调试层面的工程选择。这些自动化断言的主要目的是揭示各种功耗行为序列的异常，与常规功能（逻辑）和非 PA 动态验证仿真器相比，它们被认为是 PA-SIM 的独特和必选功能。

5.4　动态功耗仿真：验证实践

在之前的内容中，我们介绍了功耗验证方法、低功耗技术、标准库需求、特殊工具功能和工具仪器化的基础。本节详细介绍通过命令、选项和技术配置 Questa® PA-SIM 验证环境的步骤，并实现动态功耗仿真。PA-SIM 的基本流程包括设计编译、分析、构建和执行（或运行）仿真循环，和其他常规的 Questa®-SIM 的非 PA 功能验证流程一致。

显然，动态功耗仿真或验证具有更高的复杂度和更高的要求。具体说来，任何 PA 仿真器都需要分析 UPF 并在设计上叠加所有所需的功耗器件。包括推断具有特定设计实例的电源域层级结构，以及不同的 UPF 策略（如 ISO、LS、ELS、PSW、RFF 等）、电源网络架构。在设计实现的过程中，仿真器还需要与库和电源接地引脚连接信息进行协调。

幸运的是，Questa® PA-SIM 通过在底层注入 PA 功能并纳入与非 PA Questa®-SIM 环境中相同的流程（编译、优化和仿真），简化所有与 PA 相关的困难。因此，只需要在已经运行的非 PA 功能验证环境中替换与 PA 相关的特殊命令和选项。与 PA 相关的特殊命令和选项见清单 5.3。

清单 5.3　使用 PA-SIM 命令和选项的通用标准

（1）验证目标和范围。

（2）工具的输入要求。

（3）输出结果的内容和范围。

（4）调试能力等。

在常规的 Questa® PA-SIM 中有不同变种的仿真流程可用，Questa® PA-SIM 支持用于 PA 动态验证的"标准仿真流程"。

标准仿真流程分为三步，对于 PA-SIM 也是一样的。一般来说，PA-SIM 需要用 Verilog、SystemVerilog、VHDL 或这些语言的任意组合对设计进行完整的 HDL 表示。可以是综合的 RTL 代码、行为级的 RTL 代码、门级网表，或者这些形式的任意组合。第一步，通过 vlog 命令对 Verilog 和 SystemVerilog 进行设计编译，对 VHDL 进行设计编译要使用 vcom 命令，具体取决于 HDL 的格式。

接下来是通过 vopt 命令对已编译的设计进行优化。需要注意的是，vopt 主要用于执行设计优化以最大化仿真器性能，但会以可见性为代价限制特定设计对象，这些对象在某些情况下可能不是调试过程中的必要对象。有时需要在调试能力和运行性能之间进行权衡，具体取决于验证情况和采用的验证方法，例如隔夜回归运行。

与非 PA Questa®-SIM 环境不同，vopt 在 PA-SIM 中需要处理 UPF 电源规范和 Liberty 库，同时接收其他与功耗相关的验证命令和选项作为参数。

最后一步是通过 vsim 命令执行仿真，该命令主要对设计施加 PA 语义，并在优化后的设计中运行功耗仿真。还允许添加某些与功耗相关的命令和选项作为参数。标准 PA 仿真流程的典型 Questa® PA-SIM 命令和选项格式见示例 5.2。

示例 5.2　标准 PA 仿真流程的典型命令格式

编译：vlog -work **work** -f **design_rtl.v**
优化：vopt -work **work** \
　-pa_upf **test.upf** \
　-pa_top "**top/dut**" \
　-o Opt_design \
　< 其他功耗命令 >
仿真：vsim Opt_design \
　-pa_lib **work** \
　< 其他 PA-SIM 控制命令 >

在标准 PA 仿真流程中，vopt 的 -o 参数实际上生成一个优化设计 <Opt_design>。接下来在 vsim 中，优化设计 <Opt_design> 被调用并进行仿真。

除上述讨论的 PA-SIM 基本流程外，在实践中，PA-SIM 需要特殊程序协调其他 PA 议题，包括数据破坏、行为代码识别、某些设计元素的重新初始化、与电源相关的仿真事件、电源恢复后的复位和寄存器初始化等。

对于重新初始化，PA-SIM 提供一种机制，允许通过 **set_design_attributes** 命令进行 UPF 增强，重新评估 Verilog HDL 初始化模块，见示例 5.3。

示例 5.3 初始化模块的重新评估示例
```
set_design_attributes -attribute qpa_replay_init TRUE
    -elements {top/bot1/sram}
```

需要注意的是，**set_design_attributes -attribute** qpa_replay_init **TRUE** 命令使用 **-elements** {} 或 **-models** 选项效果是一样的。示例 5.3 中，该命令通过参数指定 **-elements** {} 中需要重新触发的初始化模块或实例。但是，任何包含 forever、fork join、break continue、wait、disable 和 rand sequence 语句的初始化模块都不会被重新计算。

示例 5.4 中具有特殊 "**UPF_dont_touch**" 属性的 UPF 命令还允许排除任何指定的模块、体系结构、实体实例和来自电源感知行为的信号，使其无法在电源恢复时重新触发。这种 PA 行为排除会禁用指定项的数据破坏、保持、隔离、电平转换或缓冲的功耗感知器件。

示例 5.4 用于自定义 PA 属性的 UPF 命令
```
set_design_attributes
set_port_attributes
```

回顾在第 3 章解释的 UPF 命令的语法，示例 5.5 展示了从初始化模块重新评估 PA 语义禁用设计模块。

示例 5.5 从常规 PA 语义中排除设计模块的例子
```
set_design_attributes -attribute UPF_dont_touch TRUE -models alu_*
```

如前所述，库在 PA-SIM 中发挥重要作用。下面将结合第 4 章的解释，讨论 PA-SIM 库处理的基本原理。

5.5 动态功耗仿真：库处理

第 4 章以一种通用的方式，从功耗验证的角度讲解库的基本构成、功能和属性。在实际设计项目中，电源接地引脚的 Liberty 库和 PA 仿真模型库可能并不是从一开始就可用。同时，非 PA 仿真模型库的构建和属性可能会有很大差异。有时即使是标准的 Liberty 库，也可能不具备所有 PA 验证必需的属性。这种情况往往要依赖验证工具处理库中缺失的部分，并在工具中生成临时的功能来完成验证。

另一方面，在验证环境中存在多个库时，由仿真器决定处理破坏的优先顺序。但是，仿真器对于宏单元和其他单元库的破坏处理标准差异很大，这是由构造方式、单元内部逻辑和功能的可见性特性导致的。

表 4.2 总结了 Questa® PA-SIM 在不同 DVIF 层级对库的要求，本节会进一步详细介绍 PA-SIM 验证工具和环境中的库处理机制。对于功耗验证，4 种类型的库，电源接地引脚的 Liberty（.lib）库、非 PA 仿真模型库、PA 仿真模型库和扩展 PA 仿真模型（.v）库都可能是相关和有用的。这些库的要求因设计抽象层级从 RTL 到电源网表而异，正如前面提到的，Liberty（.lib）库和仿真模型（.v）库可能不需要同时对一个 PA 仿真环境中的设计都适用。因此，了解 Questa® PA-SIM 如何处理库，并在只考虑特定类型的库或存在多种类型的库时指定处理的顺序也是很重要的。

当 PA-SIM 模型库（.v）和 Liberty 库（.lib）同时可用时，Questa® PA-SIM 允许 PA-SIM 模型库（.v）具有更高优先权，并根据其断电功能（在 4.2 节详细介绍）破坏单元的内部或输出。但是当只有非 PA-SIM 模型库（.v）可用时，PA-SIM 会根据激励程序或 UPF **simstate** 进行破坏处理。

另一方面，当只有 Liberty 库（.lib）可用且具有最高优先权时，Questa® PA-SIM 会采用一套新的分析方法处理库的破坏。首先，PA-SIM 会搜索单元级属性以确定单元是否为宏单元，通过 is_macro_cell:true 属性进行判断。如果该属性不存在或不是 true，则该单元不是宏单元，Questa® PA-SIM 会根据激励程序进行破坏处理。

当单元是宏单元时，Questa® PA-SIM 会根据以下情况（按照优先顺序列出）对输入端口进行破坏处理，具体取决于输入端口的可用性：

（1）related_power/ground_pin:VDD/VSS。

（2）related_bias_pin: "VNW VPW"。

对于相同宏单元的输出端口，Questa® PA-SIM 会按照优先顺序查找以下属性，并根据输出端口的可用性进行处理：

（3）power_down_function: "!VDDO+（!VDD&EN）+VSS+VPW+!VNW"。

如果 power_down_function 属性不存在，Questa® PA-SIM 会按照优先顺序搜索以下属性：

（4）related_power/ground_pin：VDD/VSS。

（5）related_bias_pin: "VNW VPW"。

Questa® PA-SIM 假设 ~related_power_pin+related_ground_pin+~related_bias_pin+related_bias_pin，从上面两个属性生成新的属性.power_down_function。

Questa® PA-SIM 进一步扩展宏库处理的灵活性，以防相关偏置电源接地引脚属性丢失。因此，Questa® PA-SIM 将仅使用 pg_pin、pg_type 属性中的偏置引脚进行破坏处理，如下所示：

（6）pg_pin(VNW) pg_type: nwell。

（7）pg_pin(VPW) pg_type: pwell。

基本上，Questa® PA-SIM 可以处理 Liberty 库、非 PA 仿真模型库、PA 仿真模型库和扩展 PA 仿真模型库可能的组合，具有扩展的灵活性，即使 Liberty 库的语法和属性不充分也能进行准确的动态功耗仿真。

5.6　动态功耗仿真：验证平台要求

从前面讨论的动态功耗仿真和验证功能、实践和 PA-SIM 输入要求中可以明显看出，在常规功能验证平台需要一个特殊的 UPF 或 PA 注释验证平台。在常规验证平台上进行 PA 注释是为了通过 UPF 分析由仿真工具推导并在设计上叠加电源网络。

顶层 UPF 电源端口和电源网络通过 UPF connect_supply_net 和 connect_supply_set 命令为设计、库和 PA 注释验证平台提供连接。这样，就在 PA-SIM 环境建立了完整的电源网络连接。顶层 UPF 电源端口和电源网络通常被称为电源衬垫或电源引脚（例如 VDD、VSS 等）。IEEE 1801 标准建议，可以在验证平台参考电源衬垫，并对其进行扩展，以操纵 PA-SIM 中的电源网络连接。

通过在验证平台引用电源引脚，可以控制设计中任何电源域的开关。HDL 验证平台标注是通过导入 PA 仿真器环境下可用的 UPF 封装完成的。IEEE 1801 LRM 为 Verilog、SystemVerilog 和 VHDL 验证平台提供标准的 UPF 封装，导入适当的 UPF 封装，操作在 PA-SIM 中带验证设计的电源引脚。示例 5.6 和示例 5.7 是不同 HDL 验证平台要导入或使用的 UPF 封装的语法示例。

示例 5.6　用于 Verilog/SystemVerilog 验证平台的 UPF 封装

```
import UPF::*;
module testbench;
...
endmodule
```

示例 5.7　用于 VHDL 验证平台的 UPF 封装

```
library ieee;
use ieee.UPF.all;
entity dut is
...
end entity;
architecture arch of dut is
begin
...
end arch;
```

对于 Verilog 或 SystemVerilog 验证平台，UPF 封装可以在模块内部或外部导入。"import UPF::*" 封装和 "use ieee.UPF.all;" 库实际上嵌入了用于直接从验证平台使用和激励电源衬垫的函数。一旦在验证平台中引用了这些封装，仿真器会自动从安装位置搜索封装，并使这些封装的内置函数可以在 PA-SIM 环境中使用。示例 5.8 和示例 5.9 说明了 supply_on 和 supply_off 函数及详细参数。

需要注意的是，用户无须关注第三个参数：string file_info = ""，PA-SIM 验证工具会自动处理这个参数。

示例 5.8　电源衬垫激励的 Verilog/SystemVerilog 函数

```
supply_on(string pad_name, real value = 1.0, string file_info = "");
supply_off(string pad_name, string file_info = "");
```

示例 5.9　电源衬垫激励的 VHDL 函数

```
supply_on (pad_name: IN string; value: IN real) return boolean;
supply_off (pad_name: IN string) return boolean;
```

---

pad_name 参数必须是一个字符串常量，并且必须将有效的顶层 UPF 电源端口与一个"非零"的实数值一起传递给参数，以表示电源开启，或者传递"空"表示电源关闭。PA-SIM 从 UPF **set_scope** 命令中获取顶层模块设计名称。

接下来将说明验证平台与 UPF 中的 **connect_supply_net** 或 **connect_supply_set** 规范相结合，控制电源衬垫的机制。回顾第 3 章 UPF 示例实现代码片段，电源端口和电源网络的 **connect_supply_net** 在这里重新使用，见示例 5.10。

示例 5.10　验证平台使用 UPF 的 connect_supply_net 控制电源衬垫

```
set_scope cpu_top
create_power_domain PD_top
......
# IMPLEMENTATION UPF Snippet
# Create top level power domain supply ports
create_supply_port VDD_0d99 -domain PD_top
create_supply_port VDD_0d81 -domain PD_top
create_supply_port VSS -domain PD_top
# Create supply nets
create_supply_net VDD_0d99 -domain PD_top
create_supply_net VDD_0d81 -domain PD_top
create_supply_net VSS -domain PD_top
create_supply_net VDD_0d81_sw -domain PD_mem_ctrl
# Connect top level power domain supply ports to supply nets
connect_supply_net VDD_0d99 -ports VDD_0d99
connect_supply_net VDD_0d81 -ports VDD_0d81
connect_supply_net VSS -ports VSS
```

示例 5.11 中，直接从验证平台激励通过 UPF connect_supply_net 指定的电源端口，例如 VDD_0d99、VDD_0d81、VSS 等。

示例 5.11　激励电源端口的验证平台

```
import UPF::*;
module testbench;
...
reg VDD_0d99, VDD_0d81, VSS;
reg ISO_ctrl;
...
initial begin
#100
ISO_ctrl = 1'b1;
supply_on (VDD_0d99, 1.10);     // Values represent voltage & non
                                   zero value
                                // (1.10) signifies Power On
supply_on (VSS, 0.0);           // UPF LRM Specifies Ground VSS On
                                   at 0.0
...
#200
supply_on (VDD_0d81, 1.10);
...
#400
supply_off (VDD_0d99);          // Here empty real value argument
                                   indicates
                                // Power Off
...
end
endmodule
```

使用 supply_on 和 supply_off 函数，可以在验证平台设计电压调节器（VR）或功耗管理单元（PMU），以模拟实际芯片的电源操作。在这些 UPF 封装中还有很多函数可用，它们的使用模型会在后续部分讨论。

5.7　动态功耗仿真：自定义PA验证器和监测器

尽管 Questa® PA-SIM 提供了一系列自动化断言，以动态序列验证器的形式覆盖可能出现的所有动态功耗验证场景，但是，特定设计的功耗验证的复杂性可能来自于一个或多个低功耗技术，来自于多种设计特性，或者来自于实现目标。因此，除工具自动化验证和 PA 注释验证平台外，有时还需要在设计中加入自定义的 PA 断言、PA 验证器及监测器。

但是，设计中可能已经包含大量来自功能验证部分的断言，通常是用 SystemVerilog（SVA）编写并与 bind 结构绑定。SystemVerilog 提供了一个强大的 bind 结构，用于指定一个或多个模化、接口、程序或验证器的实例化，无须修改目标代码。例如，封装在模化、接口、程序或验证器中的插件代码或断言可以以非侵入性的方式实例化到目标模块或模块实例中。通常还需要定制的 PA 断言、验证器和监测器，以保持与设计代码以及功能性 SVA 的分离。

UPF 提供了一种机制，将定制的 PA 断言与功能性 SVA 分离。UPF **bind_checker** 命令及其相关选项允许用户在设计中插入验证器模块，无须修改原始设计代码或引入功能性更改。UPF 继承了将验证器绑定到设计实例的机制，这个机制来自 SystemVerilog 的 bind 结构。与 SVA 类似，UPF **bind_checker** 指令可以将一个模块在另一个模块内部实例化，而不必修改任何一方的代码，这有助于实现设计与任何相关验证代码之间的完全分离。

目标实例中的信号通过端口列表按位置绑定到 bind 验证器模块中的输入，与 SVA 绑定的情况完全相同。因此，bind 模块可以通过简单地将目标实例范围内的信号添加到端口列表来访问这些信号，有助于对任意设计信号进行采样。

UPF **bind_checker** 为设计创建自定义 PA 断言，并绑定验证器，见示例 5.12。

示例 5.12　UPF bind_checker 语法

```
bind_checker <instance_name> \
    -module <checker_name> \
    -elements <element_list> \
-bind_to module [-arch name]
-ports {{port_name net_name}*}
```

示例 5.12 中，<instance_name> 是验证器模块 <checker_name>（例如 ISO_SUPPLY_CHECKER）的"实例"名称（例如 iso_supply_chk）。-**elements** <elements_list> 是验证器"实例"将被插入的设计元素的列表。-**module** <checker_name> 是用 SystemVerilog 编写的验证器模块名称，可以通过 -**bind_to module** [-arch name] 绑定到 SystemVerilog 或 VHDL 实例。

还需要注意，-**ports**{} 将设计信号与验证器端口进行关联。<net_name> 参数接受在 UPF 中针对各种 UPF 策略定义的信号、电源端口、电源网络和电源集合的符号引用。例如，可以按示例 5.13 的方式引用 **isolation_signal** 或 **retention_power_net**。

示例 5.13　多种 UPF 策略的 <net_name> 符号引用

<design_scope_name>.<powerdomain_name>.<iso_stratgy_name>.
　isolation_signal
<design_scope_name>.< powerdomain_name>.**retention_power_net**

示例 5.14、示例 5.15 和示例 5.16 解释了如何设计 PA 断言，如何在 UPF 中绑定 PA 断言，以及目标设计如何完全分离断言及其绑定。值得注意的是，示例 5.14 中的断言采样导入了 IEEE 标准包 import UPF::*;（如 5.6 节所述的 PA 注释验证平台），以便利用示例 5.17 显示的不同类型的函数。

示例 5.14　ISO 控制器相关断言的定制化验证器示例

```
module ISO_SUPPLY_CHECKER(ISO_CTRL,ISO_PWR,ISO_GND);
import UPF::*;
input ISO_CTRL;
input supply_net_type ISO_PWR;
input supply_net_type ISO_GND;
reg ISO_pg_sig;
assign ISO_pg_sig = get_supply_on_state(ISO_PWR) && \
get_supply_on_state(ISO_GND);
always @(negedge ISO_pg_sig)
assert(!(ISO_CTRL)) else \
$display("\n At time %0d isolation supply is switched OFF \
during isolation period, ISO_CTRL=%b", $time, ISO_CTRL);
endmodule
```

示例 5.15　绑定 ISO_SUPPLY_CHECKER 断言的 UPF 代码

```
set_scope /tb/TOP
create_supply_net ISO_PWR
create_supply_net ISO_GND
create_supply_port ISO_PWR_PORT
create_supply_port ISO_GND_PORT
connect_supply_net ISO_PWR -port ISO_PWR_PORT
connect_supply_net ISO_GND -port ISO_GND_PORT
create_supply_set ISO_SS -function {power ISO_PWR} \
    -function {ground ISO_GND}
create_power_domain PD_mid1 -supply {primary ISO_SS}
set_isolation iso_PD_mid1 \
    -domain PD_mid1 \
    -applies_to outputs \
    -isolation_supply_set ISO_SS \
    -location self \
    -isolation_signal ctrl
## The ISO_SUPPLY_CHECKER Checker binding in UPF
bind_checker iso_supply_chk \
    -module ISO_SUPPLY_CHECKER \
    -bind_to mid_v1 \
    -ports {\
{ISO_CTRL PD_mid1.iso_PD_mid1.isolation_signal} \
{ISO_PWR ./ISO_SS.power} \
{ISO_GND ./ISO_SS.ground}
}
```

示例 5.16　与验证器和绑定完全隔离的设计

```
module tb();
...
top top(...);
...
endmodule
module top(...);
mid_v1 test1_v1(...);
mid_v1 test2_v1(...);
mid_v1 test3_v1(...);
```

```
endmodule;
module mid_vl(...);
...
endmodule
```

示例 5.17　用于自定义验证器的 UPF 封装提供的函数

```
get_supply_on_state( supply_net_type arg );
```

该函数实际上用于从验证器模块中驱动 supply_net_type ISO_PWR 和 ISO_GND，针对使用 **-bind_to** 命令的设计实例 mid_vl。在 UPF 中通过 **set_scope** 命令定义的位于 \tb\top 层级路径，具有 ISO_SUPPLY_CHECKER 验证器的 mid_vl 模块可由 PA-SIM 访问，示例 5.15 显示了访问过程。因此，UPF 提供了一种强大的机制来自定义 PA 断言，并通过在 UPF 文件中嵌入绑定提供一个层将其与设计代码完全分离，这一点是与众不同的。

5.8　动态功耗仿真：综合后门级仿真

基于综合后门级网表（门级网表）的功耗仿真输入要求与 RTL 仿真大致相同。这里验证的设计来自综合的门级网表，标准单元、多电压单元和宏单元 Liberty 库中的逻辑门已经被插入或实例化到设计中。综合后门级仿真的 PA-SIM 也需要 Liberty 库作为输入，以便加入不同的单元级属性和低功耗功能。工具利用清单 5.4 中 Liberty 库的属性和功能进行操作。

清单 5.4　门级网表功耗仿真需要的不同 Liberty 库属性
（1）识别一个单元。
（2）根据单元的识别和 UPF 规范进行功耗感知仿真。
（3）相应地应用适当的破坏语义。

门级网表中 PA-SIM 的一个显著特点是，所有单元实例都被解释为包含驱动器，因为这些单元通常是叶子级单元或没有后代的实例。因此，门级网表中的缓冲器单元实例在断电时会导致破坏。与之不同的是，前面讨论过的 RTL Verilog 的 "buf" 原意并不表示驱动器，因此在断电时（在 RTL 中）不会受到破坏的影响。

在门级网表的功耗感知仿真过程中，任何检测到的门级单元的输出端口和时序逻辑都会出现破坏。此外，如果模块包含 celldefine 属性或 HDL 代码中的 specify 块，则功耗感知仿真会自动将模块视为门级单元。即使这些单元没有在 Liberty 语法中定义，基于驱动程序破坏的标准处理仍然适用于这些单元，类似于 RTL 单元。

UPF 1801-2013 或 UPF 2.1 LRM 提供了一种机制，通过 **set_design_attribute** [-attribute {name value}]* 命令，在任何 HDL 单元上实现基于驱动器的破坏，即使没有 celldefine 或 specify 模块。应用示例 5.18 中的语法时，PA-SIM 会将所有模块、实体或设计元素视为门级或叶子级单元。

示例 5.18　基于驱动器的破坏的叶子级单元和门级单元的处理

通过 UPF 文件：

set_design_attributes -models FIFO **-attribute** {**UPF_is_leaf_cell**
　TRUE}

通过 HDL 标注，SystemVerilog 和 Verilog 属性规范：

(* **UPF_is_leaf_cell**="**TRUE**" *) module FIFO (<port list>);

VHDL 属性规范：

attribute **UPF_is_leaf_cell**: STD.Standard.String;

attribute **UPF_is_leaf_cell** of FIFO: entity is "TRUE";

虽然最新的 UPF 1801-2015 或 UPF 3.0 LRM 修改了叶子级或门级单元定义的语法，即通过 **UPF_is_hard_macro** 而不是 **UPF_is_leaf_cell** 属性实现基于驱动器的破坏，但语义和模型与之前一样。

在门级网表的功耗感知仿真过程中，除了检测标准单元和宏单元，并相应地进行破坏外，仿真器还需要自动从设计中识别特殊的功耗管理单元或多电压单元，例如 ISO、LS、RFF 等。多电压单元的检测主要通过 Liberty 库中可用的单元级属性完成，通常与 UPF 中相应策略的定义进行交叉对比。回顾第 3 章中 ISO、LS 和 RFF 的语法和示例，以及门级网表经过综合至少包含 ISO、LS 和 RFF 的事实，大多数单元已经通过示例 5.19 中的 UPF 命令和选项或通过工具自动检测流程进行指定。

示例 5.19　在门级网表仿真中通过 UPF 命令自动检测 ISO, LS, RFF 单元

ISO 单元：

set_isolation strategy_name [**-instance** {{instance_name port_
　name}*}]

这里 <instance_name> 是一个工艺库叶子级单元示例，<port_name> 是要隔离
的逻辑端口。

LS 单元：

set_level_shifter strategy_name **-instance** {{instance_name port_
name}*}

同样的，这里 <instance_name> 是一个工艺库叶子级单元示例，<port_name>
是要进行电平转换的逻辑端口。

RFF 单元：

set_retention retention_name **-instance** {{instance_name[signal_
name]}*}

这里 <instance_name> 是一个工艺库叶子级单元实例，可选的 <signal_name>
是控制保持的 HDL 信号。如果该实例具有任何未连接的电源端口或保存和恢复控
制端口，那么这些端口需要在单元模型中具有识别属性，并且端口应按照 **set_
retention** 命令的规定进行连接。

在门级网表的功耗感知仿真中，工具的自动检测流程实际上是指没有通
过 **-instance** 参数指定而是通过 Liberty 库或其他属性指定单元。因此，在
UPF 文件未指定的单元中，门级网表仿真期间的 PA-SIM 会自动检测正确的
UPF 策略，并采用与使用 **-instance** 参数类似的方式处理它们。Questa® PA-
SIM 根据清单 5.5、清单 5.6 的信息检测功耗管理单元。

....

清单 5.5　Liberty 库中单元级属性

· is_isolation_cell

· is_level_shifter

· retention_cell

....

....

清单 5.6　UPF 命令中的库单元名称

· **map_isolation_cell** isolation_name [**-lib_cells** lib_cells_
list]

· **map_level_shifter_cell** level_shifter_strategy [**-lib_cells**
list]

· **map_retention_cell** retention_name_list [**-lib_cells** lib_
cell_list]

· **use_interface_cell** **-strategy** list_of_isolation_level_
shifter_strategies [**-lib_cells** lib_cell_list]

....

需要注意的是，从 UPF LRM 3.0 开始，**map_isolation_cell** 和 **map_level_shifter_cell** 已被弃用，以 **use_interface_cell** 命令替代。与 **map_isolation_cell** 和 **map_level_shifter_cell** 不 同，**use_interface_cell** 可用于手动映射任何隔离（ISO）、电平转换器（LS）或组合隔离电平转换器（ELS）单元，见清单 5.7、清单 5.8。

清单 5.7　用于定义隐式对象名称的 UPF name-format 命令

- [-isolation_prefix string]
- [-isolation_suffix string]
- [-level_shift_prefix string]
- [-level_shift_suffix string]

清单 5.8　综合指令

- isolation_upf
- retention_upf

尽管门级网表的 PA-SIM 与 RTL 层级的 PA-SIM 并没有概念上的区别，但是门级网表的 PA-SIM 在执行过程中还是需要额外命令来处理上面提到的这些信息，见清单 5.9。

清单位 5.9　门级网表 PA-SIM 执行过程中的 Liberty 库处理

- 编译器：无变化
- 优化：vopt- 需要加上 "vopt -pa_libertyfiles" 或者 "vopt -pa_dumplibertydb"
- 仿真：无变化

清单 5.10 解释了门级网表 PA-SIM 中 Liberty 库的引用方法。

清单 5.10　门级网表 PA-SIM 中的 Liberty 库引用

（1）pa_libertyfiles：指定待读取的 Liberty 库文件。可以指定多个文件，文件名之间加上逗号，比如 vopt -pa_libertyfiles=a.lib,b.lib。

（2）pa_dumplibertydb-：指定 Liberty 库的名称，用于之后的引用，比如 vopt -pa_dumplibertydb=lib_datafile。

除检测标准单元、宏单元和多电压单元外，PA-SIM 还需要在设计中虚拟推断缺失的多电压单元。通常，虚拟推断过程限于 RTL，其中物理多电压单元还没有被实例化。在混合 RTL 中也可能需要推断，其中一些多电压单元仍然缺失。在门级网表中，这种虚拟推断是多余的，见清单 5.11。

清单 5.11　门级网表 PA-SIM 执行过程中的多电压单元虚拟推断控制

· 编译器：无变化

· 优化：`vopt-` 需要加上以下选项来禁用自动推断，

　"`vopt -pa_disable=insertiso`" 禁用 ISO 单元插入

　"`vopt -pa_disable=insertls`" 禁用 LS 单元插入

　"`vopt-pa_disable=insertret`" 禁用 RFF 单元插入

· 仿真：无变化

根据需求，使用上述方法可以使 PA-SIM 无须在任何设计抽象层级进行虚拟推断。由于物理多电压单元已经插入综合后的门级网表设计中，因此，在优化过程中使用以下工具同时禁用隔离（ISO）、电平转换器（LS）和保持 / 恢复（RFF）的虚拟插入，见清单 5.12。

清单 5.12　门级网表 PA-SIM 需要的工具

· 优化：需要加上 "`vopt -pa_gls`"

门级网表 PA-SIM 的总结见清单 5.13。

清单 5.13　门级网表和数模混合 RTL 功耗仿真总结

（1）在门级网表中检测标准单元和宏单元，并根据驱动器、UPF 策略或 Liberty 库中的断电功能进行破坏。

（2）在门级网表中检测多电压单元，并将其与设计中相应的 UPF 策略进行匹配。

（3）根据 UPF 策略，在门级网表中虚拟推断缺失的多电压单元。

（4）自动进行功耗感知序列验证和基于验证平台的仿真，类似 RTL PA-SIM。

基于上述讨论，一旦完成单元检测或推断，工具将对门级网表进行与 RTL 设计类似的功耗感知仿真。虽然在门级网表中需要 Liberty 库文件作为附加输入，但建议使用与 RTL 阶段相同的验证平台以确保验证的一致性。

本节重点介绍基于 UPF 的动态功耗仿真，从基础概念到高级主题，例如验证实践、自动化序列验证器、库和验证平台的要求及处理技术，以及门级网表的功耗仿真要求。下一节将进一步介绍高效的调试过程。

显然，高效的调试过程基于无缺陷的设计，包括功耗规范、功耗意图、功耗架构和功耗序列。如前所述，结果的主要目标是调试并确认通过组合 PA 注释验证平台、自动化序列验证器、自定义验证器等完成验证。

5.9　动态功耗仿真：仿真结果和调试技术

PA-SIM 的报告和消息格式以及通过系统任务进行的仿真波形转储与常规非 PA-SIM 验证环境有很大区别。这是因为验证目标不同，以及 PA-SIM 如何处理 UPF，用功耗架构进行设计，破坏功耗事件所需的设计元素，生成电源序列异常的自动断言等因素。

PA-SIM 生成的验证信息和结果，例如转储的波形，从功耗感知的角度，表示正在验证的设计在功能和结构上是正确的。我们在第 7 章进行结构验证的讨论，在设计中积累不同的 UPF 策略会导致结构设计的变化，并对动态功耗仿真产生影响。因此，需要生成至少包含并传达以下信息的 PA-SIM 结果，见清单 5.14。

清单 5.14　PA-SIM 结果中的最小信息集合
（1）经过 UPF 映射的 PA 设计。
（2）PA 逻辑器件和破坏。
（3）UPF 对象。
（4）RTL 中 UPF 策略的虚拟推断。
（5）门级网表的物理表示。

尽管这些信息是基于功耗感知的，并不详尽，但它们是在常规动态功耗仿真的基础上添加的。显然，高效调试验证结果很有挑战性。具体来说，有必要将上述信息纳入仿真波形，并将其与其他形式的可视化系统（如原理图查看器、源代码查看器、层级结构查看器、状态转换查看器、覆盖率度量查看器）进行关联，这对于高效调试验证结果至关重要。

除仿真结果中功耗相关信息之外，众所周知，任何常规的验证环境在调试芯片设计项目时都要消耗超过 75% 的精力。因此，为了实现高效调试，关键是以最少的工作量呈现最多的信息。显然，功耗仿真结果的可视化被认为是具有最多信息和最少工作量的调试方式。

通常还需要将结果的可视化与前面讨论过的各种内置序列验证器、工具生成的信息验证平台中基于文本的结果进行关联。示例 5.20 展示了针对 ISO 控制异常自动断言的文本片段。

示例 5.20　自动化序列验证器的文本片段

```
# ** Error: (vsim-8918) QPA_ISO_EN_PSO: Time: 167715000 ps,
Isolation control (0) is not enabled when power is switched OFF for
the following:
# Port: /interleaver_tester/dut/mc0/ceb,
# Port: /interleaver_tester/dut/mc0/web.
# File: rtl_top.upf, Line: 90, Power Domain:PD_mem_ctrl
```

因此，来自自动化序列验证器的文本消息是直观的，有助于发现仿真时间戳和 UPF 策略名称（QPA_ISO_EN_PSO）的问题，精确定位参考设计（端口名称）和 UPF 文件（带有行号）。为了将自动触发的断言消息（例如，时间 167715000 ps 等）与示例 5.20 中的消息以及 PA-SIM 可视化系统中的其他 PA 特定语义和功能进行关联，至少需要在 PA-SIM 工具环境中理解以下几个方面，见清单 5.15。

清单 5.15　PA-SIM 结果展示的其他方面

（1）对破坏和功耗感知检测语义进行颜色标记。

（2）高亮功耗感知特性，以区别于通用特性。

（3）将 UPF 对象解释为物理实体。

（4）解释推断（或插入）单元中的 UPF 策略。

（5）从源和汇模型中找到功耗驱动器。

（6）从推断或合成单元中生成原理图符号。

（7）在 HDL 设计上建立物理可视化电源网络。

（8）识别 UPF 电源域层级结构。

（9）识别电源域层级结构在 HDL 中的对应关系。

（10）为基于验证平台的调试提供工具和便利（自上向下）。

（11）为基于设计的调试提供工具和便利（自下向上）。

（12）解释功耗感知状态机。

（13）解释每个功耗设计元素的目标和覆盖范围。

（14）用于可视化电源状态和状态转换效果的设备机制。

图 5.2 展示了一个示例，将示例 5.20 中的自动断言消息与 167715000 ps 时间戳处显示的波形相关联。上述验证和可视化系统对于任何 PA-SIM 仿真环境都是非常明显的。但是，额外的可视化信息，如电源域层级结构、电源域的源和汇对、破坏以及基于 UPF 策略的端口、网络、线网和时序状态，PA 注释的设计、UPF 和验证平台的电源域视图，ISO、LS、PSW 和相关电源域原理图等，可以以实际、高效的方式促进验证和调试工作。

图 5.2 可视化平台的结果相关性

示例 5.21 是特定可视化窗口的关键功能示例。

示例 5.21 可视化窗口的关键功能

（1）层级窗口中的 PA 信息。

此窗口显示层级结构窗口中具有相应电源域名的所有实例。PA 注释可以进一步揭示来自任意设计范围电源域的对应状态信息。

（2）带 PA 注释的源码浏览窗口。

这个窗口展示了设计源码中的功耗感知注释、工具以及破坏语义，通常采用不同的颜色标记和气球帮助格式，以下 HDL 参数通常是带有可视化注释的：

· 输　　入

· 输　　出

· 线　　网

· 寄存器

（3）电源域窗口。

用于展示 UPF 文件中定义的所有对象，并与上面（1）和（2）中的设计实例、UPF 和设计源码进行关联，展示的 UPF 对象通常是：

· 电源域

· 电源线网

· 逻辑线网

· 逻辑端口

· UPF 策略（ISO，LS，ELS，REF，PSW 等）

（4）电源域交叉窗口。

这个窗口通常显示基于 UPF 规范的电源域之间的所有源和汇对，以及它们之间的通信交叉。这个电源域交叉窗口在动态和静态验证中同样重要。

（5）功耗自动验证窗口。

这个窗口主要列出所有仿真断言的自动化序列验证器，包括序列验证器的详细信息，比如是否针对 ISO、LS、ELS、RFF、PSW 等进行验证，相关的违规情况，以及与仿真波形的关联。

（6）功耗原理图窗口。

原理图窗口是展示功耗逻辑信息的关键窗口，通常展示以下信息：

· 功耗注释以及功耗接口逻辑

· 电源网络连接

· 连接性以及推断和合成的功耗管理多电压单元的符号表示

（7）功耗注释波形窗口。

波形窗口是动态仿真的关键可视化系统。为了更有效率地进行功耗仿真，功耗波形通常带有特别的颜色标记，以将信号的 PA 状态与相关的常规非 PA 模拟语义区分开来。功耗注释波形窗口中带有明显颜色标记的项目列出如下：

· 破坏语义

· 隔离状态

· 寄存器中的保持数据

· 保留保持和还原状态

· 电源上电和断电状态

· 电源上电、断电和基于 UPF 策略的序列异常

· 电源恢复之后的复位和寄存器初始化

（8）电源接地引脚库信息窗口。

从 Liberty 库和 UPF 中获取的宏单元模型的电源接地引脚信息对于功耗感知仿真中的准确破坏非常重要。库窗口提供了宏单元的可视化信息，包括输入和输出逻辑引脚的相对电源信息、断电功能以及宏单元连接的 UPF 电源。

（9）功耗覆盖率信息窗口。

功耗覆盖率将在第 6 章进行讨论，这里讨论动态功耗仿真覆盖率的相关信息。为了给后续仿真过程进一步提升覆盖率提供建议，覆盖率信息通常会展示为以下格式：

· 在设计层级中包含的覆盖率实例以及排除的覆盖率实例

- 不同文件格式（文本文件，HTML，XML）的带有覆盖目标和完成情况的覆盖率报告
- 电源状态机图示，用于解释基于 UPFadd_power_state, add_port_state 和 add_pst_state 语义的电源状态和状态转换

此外，PA-SIM 还需要额外的命令来展示高效调试的结果，见清单 5.16。

清单 5.16　提升高效调试的 PA-SIM 流程

- 编译：无变化
- 优化：在 vopt- 中添加 vopt - debug, pa_coverage=checks, pa_enable= highlight
- 仿真：在 vsim- 中添加 -pa -assertcover

从上述讨论中可以清楚地看出，动态功耗仿真结果报告是发现与设计、功耗规范和验证方法相关的错误和异常的重要源头。但是在使用任意大小的验证套件对设计的每个角落进行测试时存在阈值限制。这对于任何非功耗感知或功耗感知仿真环境来说都是非常普遍的。

动态功耗仿真的结果是不确定的，通常需要用确定性的指标来量化，这些指标可能以百分比的形式表示具有适当设计参数的验证覆盖率。功耗感知覆盖数据确保经过回归测试，设计的功耗感知元素、功耗意图甚至测试套件本身都经过充分测试。第 6 章会从通用的角度和特定解决方案的角度，讨论验证收敛问题。

本章结语

第 5 章介绍动态功耗仿真的概念和实践。动态功耗仿真的特殊性，如基于驱动器的 UPF 规范（UPF-*simstate*），在 RTL 中隐含破坏语义，以及基于 Liberty 库在门级网表（power_down_function）中隐含破坏语义。接下来，本章采用 **set_design_attributes -attribute *qpa_replay_init* TRUE UPF** 结构，解释了在电源恢复设计中初始化模块的要求。UPF **set_design_attributes -attribute UPF_dont_touch TRUE -models** <> 可用于排除指定的模块、架构、实体实例和来自电源感知行为的信号，使其无法在电源恢复或开启时重新触发。这种功耗感知行为的排除会禁用对指定项目的破坏、保持、隔离、电平转换器或缓冲器的功耗感知检测。

　　本章表明，在 DVIF 的每个设计阶段都需要进行动态功耗验证（以及静态功耗验证）。一般来说，RTL 的 PA-SIM 输入要求是约束和配置 UPF、PA 增强验证平台，以及任何 HDL 格式的待验证设计。Verilog/SystemVerilog 验证平台的增强是通过 **supply_on** (string pad_name, real value = 1.0, string file_info = "") 和 **supply_off** (string pad_name, string file_info = "") 函数进行的，这些函数在验证平台中导入 "import UPF::*" 或引用 "use ieee.UPF.all;" 库。清单 5.1 中列出动态功耗验证的一般要求。读者可以将此清单与清单 5.2 的功耗序列断言示例一起使用，根据 4 个动态功耗验证实践进行动态验证。读者还可以通过 UPF **bind_checker** 语法自定义功耗断言过程，这种方法非常容易开发和维护，因为它与主要设计是完全隔离的。

　　第 5 章还解释了 PA-SIM 中各个库（如 Liberty 库和 PA 仿真模型库）的要求和执行优先顺序，并与第 4 章相结合进行说明。当 PA-SIM 模型库（.v）和 Liberty 库（.lib）同时可用时，掌握优先级的概念非常重要。最后，为了进行高效的动态功耗验证和调试，清单 5.14 列出 PA-SIM 结果中应包含的最小信息集合，清单 5.15 列出 PA-SIM 结果表示的其他内容，示例 5.21 展示了可视化窗口的关键功能，图 5.2 展示了可视化平台的结果相关性，为读者解决现实 PA-SIM 问题提供参考。

第 6 章　动态功耗仿真覆盖率

动态功耗仿真覆盖率和第5章的内容一样重要，因为动态仿真结果的性质是不确定的，通常需要通过明确的指标来量化，这些指标可能以数字值（以百分比表示）和适当的设计参数结合起来表示验证覆盖收敛。但是，与非功耗感知仿真环境不同，功耗感知仿真覆盖很难测量，因为功耗状态机的特性是不同的。统一覆盖互操作性（UCIS）API以及UPF并没有为功耗感知覆盖计算模型提供完整的格式或标准语义。本章提供一种系统的方法，查找所有可能的功耗状态和转换源，并通过实际示例来解释和开发一种连贯的功耗感知覆盖计算模型。

覆盖率为设计的验证完整性提供了有效的参考视角。动态仿真中的覆盖率描述了设计在特定测试套件或测试计划执行过程中使用某些设计参数的程度。测试计划还可以使用加权指标进行量化，重新计算综合覆盖率。非功耗感知仿真中对综合覆盖率度量做出贡献的设计和验证参数总结见清单6.1。

清单6.1 非功耗感知覆盖率指标中的设计和验证参数

（1）代码覆盖率（包括分支、条件、表达式、语句以及信号翻转等覆盖率信息）。
（2）有限状态机（FSM）覆盖率。
（3）SystemVerilog的覆盖组覆盖率。
（4）SystemVerilog或PSL的断言覆盖率。
（5）断言数据（包括立即断言和并发断言，断言的通过、非空通过、失败、尝试及其他计数值）。
（6）基于不同属性的形式化分析结果。
（7）验证计划数据。
（8）验证计划和覆盖率数据的链接。
（9）用户自定义数据。
（10）测试数据。

综合覆盖率是指对多样化的设计和验证参数进行收集、分析和报告（一般而言，是一种覆盖率计算模型）。这些多样化参数的结果指标通常存储在统一的覆盖率数据库（UCDB）中，以便进行分析和结果展示。UCDB提供了进一步的覆盖率的可访问性，可以通过覆盖合并从不同的数据源获得新的覆盖率结果，同时还提供了通过API进行覆盖率分析和生成覆盖率报告的机制。不幸的是，统一覆盖率互操作性（UCIS）标准1.0版没有提供任何格式或扩展来支持功耗感知覆盖率计算模型。显然，该标准没有得到增强，包括功耗感知度量的覆盖率建模（在6.3.1节讨论）。然而，UCDB提供了合并功耗感知和非功耗感知覆盖率度量的机制，以实现100%的设计验证收敛。

6.1 动态功耗仿真：覆盖率基础

动态功耗仿真的覆盖率指标与功耗相关，并且基于前面的讨论，结合了 UCDB 中的非功耗感知覆盖率结果。覆盖率指标的主要来源见清单 6.2。

清单 6.2 覆盖率指标的主要来源

（1）来自动态仿真的覆盖率信息，其中动态仿真基于：
- 功耗验证平台（代码覆盖率）
- 自动化序列验证器
- 自定义功耗验证器

（2）来自于功耗状态和状态转换覆盖率信息：电源域、电源集合、端口、电源状态表、ISO、RFF、PSW 控制和确认信号的状态以及对应的状态转换。

然而，与 UCIS 一样，UPF 也没有提供任何关于功耗覆盖率计算模型的语义或标准指南。而且，在功耗感知动态仿真状态空间，UPF 功耗状态具有与传统覆盖率计算模型非常矛盾的特性，例如，有限状态机的状态转换机制，见清单 6.3。

清单 6.3 功耗感知状态转换与非功耗感知状态转换的区别

（1）功耗状态和转换本质上是异步的。

（2）可以同时存在多个功耗状态。

（3）用户可以在任意时刻将一个状态标记为非法。

（4）一个 UPF 对象的功耗状态可以引用其他 UPF 对象的功耗状态。

尽管来自功耗验证平台和不同动态断言的动态验证的覆盖率收集、分析和报告非常直观，但是由于上述区别，从功耗状态及其转换中提取覆盖率信息需要一个复杂烦琐的过程。功耗状态的特征总结见清单 6.4。

清单 6.4 功耗状态的特征

（1）从设计抽象上来说，功耗状态处在抽象的最高层和物理（电源端口和线网）的最底层。

（2）功耗状态适用于不同的 UPF 对象，包括电源网络和设计元素的基本部分，例如，电源、电源域、设计组、设计模型和设计实例。

（3）功耗状态可能引用顶层电源域或子电源域的电源状态。

（4）功耗状态根据电源域及其电源的不同组合来表示不同的操作模式。

（5）功耗状态受到不同 UPF 对象之间相互依赖关系的影响，例如，电源域和电源集合。

（6）功耗状态可能同时暴露给相互依赖对象之间的状态转换。

因此，根据清单 6.4，首先需要理解用于功耗覆盖率指标建模的所有可能状态和状态转换的来源。不管是哪个版本的 UPF，可以明确的是，PA-SIM 环境中的功耗状态及其状态转换源自清单 6.5 中的 UPF 结构、UPF 命令及其相关选项和对象的一个或多个组合。

清单 6.5　功耗状态和功耗状态转换及其 UPF 结构与对象来源

（1）来自于 **add_port_state** 的电源端口状态。

（2）来自于电源状态表（PST）的电源线网状态。

（3）来自于 **add_pst_state** 的 PST 状态。

（4）来自于 **add_power_state** 的电源域状态。

（5）来自于 **add_supply_state** 的电源端口状态、电源线网状态、电源组函数状态。

（6）来自于 **add_power_state** 的电源集合状态。

显然，来自这些不同类型的 UPF 结构和对象的功耗状态，直接影响特殊功耗管理多电压单元（例如 ISO、ELS、PSW 和 RFF）在设计中的要求和布局。因此，还需要从这些多电压单元中收集覆盖率信息。但是，对于动态仿真，除 PSW 之外，多电压单元的覆盖率信息只能从其控制信号和确认信号的不同状态和状态转换中收集。具体见清单 6.6。

清单 6.6　功耗状态来源及其从 UPF 策略的转变

（1）隔离单元的"使能"信号。

（2）保持单元的"保存与恢复"信号。

（3）电源开关状态和电源开关状态转换。

（4）电源开关的"控制端口"。

（5）电源开关的"响应端口"。

回顾第 3 章的 ISO、RFF 和 PSW 语法和示例，可以明显看出上面列出的控制信号和确认信号存在清单 6.7 给出的转换关系。

清单6.7　UPF 策略的控制信号转换关系

（1）高 – 低转换。

（2）低 – 高转换。

同时在动态功耗仿真期间，控制信号要保持清单 6.8 所列的状态。

清单6.8　UPF 策略的控制信号状态

（1）通过某个信号值（电平敏感）或转换（边沿敏感）激活。

（2）未激活（与激活相反的条件）。

（3）X 态下激活（未知激活）。

（4）Z 态下激活（未激活或浮动）。

此外，除控制和确认信号之外，交换机本身遵循清单 6.9 中 IEEE 1801 标准定义的可能组合。

清单6.9　电源开关、控制和确认端口的状态值

（1）ON 状态。

（2）OFF 状态。

（3）部分 ON 状态。

（4）未指定（ERROR）状态。

在任意给定时间，PSW 输出端口的值一般为 ON 或者部分 ON 状态。当给定输入电源端口的 ON 或部分 ON 状态布尔表达式（不在 OFF 状态下）引用了未知（X 或 Z）值的对象时，PSW 输出端口的值保持为 {UNDETERMINED，未指定 }。在 PA-SIM 中，UNDETERMINED 状态被解释为 ERROR 状态。因此，PSW 本身也具有清单 6.9 所示的状态。覆盖率指标需要覆盖这些状态之间的所有可能转换（图 6.1 ）。

因 此，基 于 不 同 UPF 结 构（**add_port_state**、**add_pst_state** 和 **add_power_state**）的功耗状态和状态转换覆盖率建模也是非常简单的。即使对于 PSW 以及不同多电压单元的控制和确认信号，也可以通过正确运用设计功能和元素的适当属性来收集状态转换覆盖率。

但是，上述讨论中所有状态转换在 PA-SIM 中并不是自然自发的，需要用户干预以指定状态转换包含在覆盖率信息数据库中。UPF 在 IEEE 1801-2013 LRM（或 UPF2.1）中的语义定义了 **describe_state_transition** 命令，用

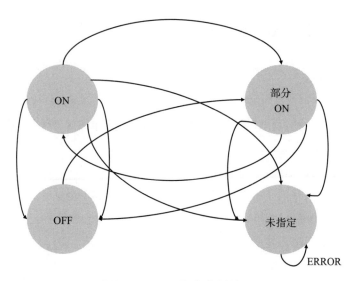

图 6.1 PSW 的状态转换图

于监控从一个指定电源状态到另一个指定电源状态的状态转换的合法性。同样，IEEE 1801-2015 LRM（或 UPF3.0）通过 **add_state_transition** 命令提供类似语义，以定义对象电源状态之间的状态转换。这些命令为动态功耗仿真工具提供了适应 PA-SIM 中任意状态或状态转换的自定义覆盖率方法。为简单起见，下面讨论 **describe_state_transition** 结构细节，作为自定义状态或状态转换覆盖率的代表，见示例 6.1。

示例 6.1　电源状态转换的语法

describe_state_transition transition_name
-object object_name
[**-from** from_list **-to** to_list]
[**-paired** {{from_state to_state}*}]
[**-legal** | **-illegal**]

这里，<transition_name> 是由用户提供的简单名称；**-object** <object_name> 是一个电源域或电源集合的简单名称。通常，动态功耗仿真工具通过增强 **-objects** 中的参数来尽可能地扩展仿真覆盖范围。<from_list> 的 **-from** 参数为状态转换之前活动电源状态名称的无序列表，<to_list> 为状态转换之后活动电源状态名称的无序列表。**-paired** {{from_state to_state}*} 是 <from-state> 和 <to-state> 的过渡状态对的名称列表。最后，**-legal** 和 **-illegal** 用于标记状态转换是合法还是非法。默认情况下，所有状态转换都是合法的。

同样，在复杂的层级 UPF 流程中，顶层电源域的电源状态取决于子电源域的电源状态。此外，电源状态还指定了这些相互依赖的电源域的关联电源集合的状态。这种电源状态依赖性会影响覆盖率范围的收集，并且不像之前讨论的简单状态转换覆盖率那样简单。基于电源状态依赖性的特殊覆盖率特性将在 6.2 节和 6.3 节中介绍。

6.2 动态功耗仿真：覆盖率特性

6.1 节展示的从电源状态及其状态转换中提取覆盖率范围的详细列表，实际上预示了基于电源状态的综合覆盖率计算过程的复杂度。特别是电源状态的抽象、相互依赖性以及这些相互依赖的电源状态同时发生的转换，需要特别注意覆盖率范围的收集和分析结果。

为了充分理解和应对这样的覆盖率复杂度，需要在组件级别评估电源状态结构。回顾第 3 章中的 **add_power_state** 示例，从根本上来说，UPF 为电源域及其相关电源网络定义了一个电源状态。该定义还允许引用从顶级电源域的范围向下派生子树中的任何电源端口或电源网络的端口状态。UPF 的 **add_power_state** 语法见示例 6.2。

示例6.2 add_power_state 语法

add_power_state
[*-supply* | *-domain* | *-group* | *-model* | *-instance*] object_name
[*-update*]
[*-state* {state_name
[*-logic_expr* {boolean_expression}]
[*-supply_expr* {boolean_expression}]
[*-power_expr* {power_expression}]
[*-simstate simstate*]
[*-legal* | *-illegal*]}]*
[*-complete*]

如前所述，**add_power_state** 命令提供了通过"object_name"将电源状态增加到不同 UPF 对象的能力。"state_name"代表刚刚为"object_name"定义或更新的由用户指定的电源状态名称。*-logic_expr* 选项用于定

义电源状态，该电源状态要么是电源集合，要么是电源域。通过参考域电源集合的控制条件、时钟频率和电源状态来构建表达式。另一方面，**-supply_expr** 仅用于电源集合的电源状态。这些表达式可以进一步定义为合法或非法。

因此，**add_power_state** 定义中的逻辑表达式和电源表达式都基于布尔表达式。这些布尔表达式包含控制条件、设计参数以及不同电源域的电源状态信息。从顶部引用子树电源状态，允许电源域、电源网络及相应电源状态采用对称分层表示，但也可能引入难以跟踪的状态间依赖性。示例 6.3 用逻辑表达式显示 PD 顶层电源域的电源状态。

示例 6.3　带 –logic_expr 的 add_power_state UPF 示例

```
add_power_state PD_top -state SYS_ON { -logic_expr \
  {PD_sub1 != SUBSYS1_OFF && PD_sub2 == SUBSYS2_ON }}
add_power_state PD_top -state SYS_OFF {-logic_expr \
  {PD_sub1 == SUBSYS1_OFF && PD_sub2 == SUBSYS2_OFF }}
```

示例 6.3 证明了从 PD 顶层电源域到子电源域，PD_sub1 和 PD_sub2 功耗状态之间的依赖性（参考图 2.1，第 2 章）。正如之前讨论的那样，功耗状态实际上仍然是核心，并驱动整个基于 UPF 的功耗感知验证。因此，需要设计一种机制，为清单 6.10 中的内容提供全面、连贯的覆盖率计算模型。

....

清单 6.10　附加电源状态和状态转换来源

（1）所有相互依赖的电源状态的组合。

（2）可能同时出现的状态转换。

....

由于这些电源状态和状态转换高度相互依赖，覆盖率度量通常旨在找到可能的交叉组合以进行状态转换，因此这种模型的覆盖率被称为交叉覆盖率。虽然前面已经提到 UPF 语义在 IEEE 1801-2013 LRM 或 UPF2.1 中定义了 **describe_state_transition**，以监视从一个电源状态到另一个电源状态的合法性，但它们的语义不符合交叉覆盖率计算的要求（请注意，基于 **describe_state_transition** 的覆盖率计算模型的背景细节已在前面讨论了，命令语法和 PA-SIM 特定的覆盖率的实现语义将在后面的章节中讨论）。

因此，PA-SIM 验证环境需要开发一种内部机制以建立交叉覆盖率的计算模型。为简单起见，交叉覆盖率计算流程可以方便地用一张依赖关系图来代表。图中节点基于电源状态和电源表达式，节点表示电源状态，节点之间的边表示节点之间的状态转换。节点之间的路径表示节点和边之间的顺序连接，连接一个节点及其子代和（或）依赖项。

PA-SIM 验证环境监控和捕获来自关系图边缘的状态转换。路径则提供一组相互依赖的节点之间的深度，有助于解开这些节点之间的依赖关系。由于没有 UPF 语义，因此工具流程中，上述覆盖率指标基于示例 6.4 的扩展方法。

示例 6.4　用于交叉覆盖率的扩展方法

```
describe_state_cross_coverage
    [-domains domains_list]
    [-depth cross_coverage_depth]
```

---

describe_state_cross_coverage 命令是当前 UPF 的扩展，用于补充缺失的交叉覆盖率计算语义模型。*-domain* 定义需要计算交叉覆盖率的电源域列表。*-depth* 是参与交叉覆盖率计算并且相互依赖的电源域的数量。默认情况下，计算从深度 1 开始，该工具将找出特定顶部或相邻的依赖电源域列表。这些依赖电源域与指定的顶部电源域形成一个域组。该工具将为这一特定电源域组计算交叉覆盖率结果。因此，对于 *-logic_expr* 的 **add_power_state** 示例，PA-SIM 将为 PD_top->PD_sub1->PD_sub2 开发交叉覆盖率计算模型，见图 6.2、表 6.1 和表 6.2。

6.3 节我们将讨论 PA-SIM 工具的覆盖率收集、分析和结果的详细特性，其中包括基于 PA 验证平台、自动化序列验证器、自定义功耗验证器和功耗状态转换的动态功耗仿真以及交叉覆盖率模型。

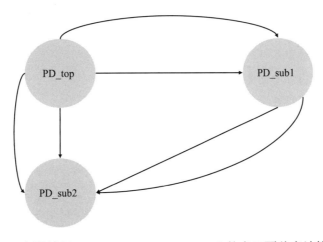

图 6.2　电源域组 PD_topPD_sub1PD_sub2 的交叉覆盖率计算模型

表 6.1 电源域的依赖状态

电源域	PD_top	PD_sub1	PD_sub2
电源状态	SYS_ON	SUBSYS1_ON	SUBSYS2_ON
电源状态	SYS_ON	SUBSYS1_RET	SUBSYS2_ON
电源状态	SYS_OFF	SUBSYS1_OFF	SUBSYS2_OFF

表 6.2 电源域组 PD_topPD_sub1PD_sub2 深度为 1 的交叉覆盖率数据

SYS_ONSUBSYS1_ONSUBSYS2_ON
SYS_ONSUBSYS1_RETSUBSYS2_ON
SYS_OFFSUBSYS1_OFFSUBSYS2_OFF

6.3 动态功耗仿真：覆盖率实践

从前面两节的讨论中可以明显看出，设计一个完整的覆盖率计算模型很复杂，并且强烈依赖各种非标准和非常规的覆盖率度量方法。但是，基于全面的、一致的分析模型、工具和方法的增强，可以通过 PA-SIM 完全枚举覆盖率的收集、分析和结果。根据前面的讨论，完整的覆盖率计算模型可以更新为基于清单 6.2 的清单 6.11。

清单 6.11 完整的覆盖率计算模型

（1）基于以下内容的动态仿真覆盖率信息：

- 功耗验证平台（代码覆盖率）
- 自动化序列验证器
- 自定义功耗验证器

（2）基于以下内容的电源状态和状态转换覆盖率信息：

- 设计控制
- UPF 和设计中创建的电源端口和电源网络
- 电源域及其电源状态
- 电源集合及其状态
- 电源开关状态及其状态转换
- ISO、RFF、PSW 控制和确认信号的状态转换

（3）基于以下内容的交叉覆盖率信息：

- 相互依赖的电源状态的所有可能组合
- 它们可能同时转换

基于上述分类，动态仿真工具处理功耗感知验证结果覆盖率的收集、分析和结果。接下来介绍动态功耗仿真工具针对上述三个类别的所有覆盖率的特定方法，见清单 6.12。

清单 6.12 动态功耗仿真工具覆盖率计算步骤

（1）步骤 1：收集覆盖率。

（2）步骤 2：通过生成的 UCDB 分析覆盖率范围以进行合并。

（3）步骤 3：报告结果。

（4）步骤 4：分析来自 UCDB 的仿真后覆盖率数据。

（5）步骤 5：（可选）排除覆盖率数据。

6.3.1 覆盖率计算模型：动态功耗验证

我们会通过以下 5 个步骤详细讨论基于动态功耗验证的覆盖率计算模型。

1. 步骤 1：从动态验证中收集覆盖率

回顾 5.3 节讨论的动态功耗仿真的三个步骤，收集覆盖率的过程如下。

（1）标准覆盖率步骤。

- 编译：vlog- 无特殊命令或选项要求

- 优化：vopt- 需要加上 "vopt -pa-coverage=checks"

- 仿真：vsim- 无特殊命令或选项要求

（2）高级覆盖率步骤。

这个步骤实际上是在动态功耗验证没有失败并且至少通过 1 次（即失败计数 = 0 且通过计数 > 0）的情况下将验证标记为 "已覆盖"。这个结果可以通过以下工具配置得到：

- 编译：vlog- 无特殊命令或选项要求

- 优化：vopt- 需要加上 "vopt -pa-coverage=checks"

- 仿真：vsim- 需要加上 "vsim -assertcover"

（3）识别未尝试验证。

此外，PA-SIM 还可以区分未尝试功耗感知验证断言。具体来说，覆盖率数据包括有关任何未尝试功耗感知验证的信息。

- 编译：vlog- 无特殊命令或选项要求

- 优化：vopt- 需要加上 "vopt -pa-coverage=checks"

- 仿真：vsim- 需要加上 "vsim -unattemptedimmed"

2．步骤 2：覆盖率分析，为动态功耗验证生成 UCDB

接下来进行覆盖率分析。这是一个将覆盖率数据整合并累加到 UCDB 的过程，以 .ucdb 为扩展名，便于利用工具进行分析或者方便用户将其与其他覆盖率信息合并。

```
CLI> coverage save <name>.ucdb
```

或者

```
CLI> coverage save -pa <name>.ucdb
```

3．步骤 3：报告动态功耗验证的结果

根据 UCDB 存储的数据生成覆盖率报告。结果可以用类似于非功耗感知覆盖率报告的多种方式来表示，包括 HTML、XML 或纯文本，覆盖率包含的冗余信息通常提供额外的指导，可以进一步改善已达到的指标。

```
GUI> coverage report -assert -pa (optionally: verbose or summery)
```

或者

```
CLI> vcover report pa.ucdb -assert -pa
```

4．步骤 4：分析 UCDB 中来自动态功耗验证的仿真后覆盖率数据

UCDB 提供全面资源用于覆盖率数据分析，甚至在仿真后也可以生成多种形式的报告。非功耗感知仿真和功耗感知仿真环境中的完整覆盖率指标可以通过在仿真窗口加载数据库来实现，然后通过以下过程生成报告。

在 UI 界面加载 UCDB：

```
GUI> vsim -viewcov <name>.ucdb
```

生成报告：

```
GUI> coverage report -pa [-details]
```

5．步骤 5：（可选）排除动态功耗验证的覆盖率

对动态验证来说，没有特定的细粒度控制和选项排除特定的覆盖率特性。或者，不使用上述工具优化阶段的程序自动从动态验证中排除覆盖率信息。

6.3.2　覆盖率计算模型：用于电源状态和状态转换

下面用 5 个步骤详细讨论动态功耗仿真中电源状态转换覆盖率计算模型。

1．步骤 1：收集关于电源状态和状态转换的覆盖率信息

主要通过 UPF 命令收集基本的电源状态和状态转换覆盖率，该命令源自

add_port_state、**add_pst_state**、**add_power_state** 及其相关选项和对象的组合。

（1）标准电源状态转换覆盖率处理步骤。

·编译：`vlog-` 无特殊命令或选项要求
·优化：`vopt-` 需要加上"`vopt -pa-coverage=checks`"
·仿真：`vsim-` 需要加上"`vsim -coverage`"

（2）电源状态转换覆盖率的收集。

通过以下工具收集来自 ISO、RFF、PSW 控制和确认信号的状态转换覆盖率，提供了精细的用户可控性（在优化阶段 `vopt-` 可能需要加上多个或全部选项）：

·对于电源开关（PSW 的状态、控制和确认端口）："`vopt -pa_coverage=switch`"
·对于隔离单元："`vopt -pa_coverage=iso`"
·对于保持单元的保存和恢复功能："`vopt -pa_coverage=ret`"

（3）状态转换覆盖率的收集。

UPF 的 **describe_state_transition** 命令及其扩展还提供精细的可控性，用于收集电源状态转换覆盖率。回顾 6.1 节解释的语义（示例 6.1），PA-SIM 通过 **describe_state_transition** 命令中的"`object_name`"选项获取清单 6.13 中的信息。

清单 6.13　覆盖率计算模型中的状态转换来源

电源状态转换覆盖率：

（1）电源域。
（2）电源集合。
（3）PST 状态。

但是，任何被标记为非法的状态都不包括在内。此外，还需要在单独的覆盖率范围生成报告，更具体地说，是通过 **describe_state_transition** 命令定义并标记为合法的状态转换。

从 **describe_state_transition** 命令的扩充中也可以收集其他状态转换覆盖率范围，见清单 6.14。

清单 6.14 用于覆盖率计算模型的状态转换的其他来源

电源状态转换覆盖率：

（1）PST 状态。

（2）电源端口。

（3）电源开关。

当状态转换被标记为非法时，不会在覆盖率报告中出现，还需要在优化阶段为工具处理以及其他相关功耗感知动态仿真命令添加以下信息：

· 编译：无变化

· 优 化：vopt- 需 要 在 "-pa_coverage" 基础上加上 "vopt -pa_enable=statetransition"

· 仿真：vsim- 需要加上 "vsim -coverage"

UCDB 生成和报告：无变化

因此，对于状态转换覆盖率收集，PA-SIM 编译和覆盖率报告不需要任何特殊程序。

需要理解 UPF **describe_state_transition** 命令专门用来描述状态转换的合法性。所以它可以用于覆盖率集合的可控性。当此命令没有被使用时，所有转换都是合法的并在覆盖率结果中出现。

另外，当在 UPF 文件中通过 **describe_state_transition** 命令定义控制时，将只针对在 **-object** <object_name> 中指定的状态转换生成覆盖率报告，见示例 6.5。为了实现完整的状态转换覆盖率描述，对应的 PSW 状态转换覆盖率报告见示例 6.6。

示例 6.5 用 **describe_state_transition** 命令进行 UPF 状态转换覆盖率报告

```
# PSW example for Collecting State Transition Coverage
create_power_switch IN_sw \
  -domain PD_SUBSYS2 \
  -output_supply_port {vout_p VDD_IN_net} \
  -input_supply_port {vin_p MAIN_PWR_moderate} \
  -control_port {ctrl_p IN_PWR} \
  -on_state {normal_working vin_p {ctrl_p}} \
  -off_state {off_state {!ctrl_p}}
# Controlling State Transition Coverage by UPF for PSW (IN_sw)
  shown above
```

```
describe_state_transition ts -object IN_sw -from {ON} -to {}
describe_state_transition ts1 -object IN_sw -from {ON} -to {OFF}
describe_state_transition ts2 -object IN_sw -from {ON} -to {}
describe_state_transition ts3 -object IN_sw -from {ON} -to
    {ERROR} -illegal
```

示例 6.6　用 describe_state_transition 命令进行 PSW 状态转换覆盖率报告

```
UPF OBJECT                                    Metric Goal  Status

PSW State Coverage Sample Report:
TYPE: Power Switch /alu_tester/dut/IN_sw   50.0%  100  Uncovered
Power Switch coverage instance \/alu_tester/dut/pa_
   coverageinfo/ IN_sw/IN_sw_PS/PS_IN_sw
                                            50.0%  100  Uncovered
   Power State ON                          100.0%  100  Covered
      bin ACTIVE                               3     1  Covered
   Power State OFF                         100.0%  100  Covered
      bin ACTIVE                               2     1  Covered
   Power State PARTIAL_ON                    0.0%  100  ZERO
      bin ACTIVE                               0     1  ZERO
   Power State ERROR                         0.0%  100  ZERO
      bin ACTIVE                               0     1  ZERO
PSW Transition Coverage Sample Report:
TYPE: Power Switch /alu_tester/dut/IN_sw
                                            33.3%  100  Uncovered
Power Switch coverage instance \/alu_tester/dut/pa_coverageinfo/
   IN_sw/IN_sw_PS/PS_TRANS_IN_sw
                                            33.3%  100  Uncovered
Power State Transitions                      33.3%  100  Uncovered
      illegal_bin ON -> ERROR                  0          ZERO
      bin ON -> PARTIAL_ON                     0     1    ZERO
      bin ON -> ON                             0     1    ZERO
      bin ON -> OFF                            2     1    Covered
PSW Control Port State Coverage Sample Report:
TYPE : Power Switch Control Port /alu_tester/dut/IN_sw/ctrl_p
                                            50.0%  100  Uncovered
```

```
Power Switch Control Port coverage instance \/alu_tester/dut/pa_
    coverageinfo/IN_sw/ctrl_p/PS_ctrl_p
                                        50.0%  100    Uncovered
    Power State ACTIVE_LEVEL           100.0%  100    Covered
        bin ACTIVE                          3    1    Covered
    Power State INACTIVE               100.0%  100    Covered
        bin ACTIVE                          2    1    Covered
    Power State ACTIVE_Z                 0.0%  100    ZERO
        bin ACTIVE                          0    1    ZERO
    Power State ACTIVE_X                 0.0%  100    ZERO
        bin ACTIVE                          0    1    ZERO
```

前述步骤 2 到步骤 4 关于电源状态和状态转换覆盖率处理与动态功耗验证完全相同。

5. 步骤 5：（可选）排除电源状态和状态转换覆盖率

PA-SIM 提供了从覆盖率报告中排除具体电源状态的细粒度，该排除过程语法如下所示：

```
CLI> coverage exclude  -scope <scope_path>
                       -pstype {portstate | pststate | powerstate}
                       -pstate <state_obj> <state_list>
                       -ptrans <state_obj> <transition_list>
```

这里，portstate 是指通过 **add_power_state** 或者 **add_port_state** 添加的端口或者线网的状态；pststate 是指通过 **add_pst_state** 添加的 PST 的状态；powerstate 是指通过 **add_power_state** 添加的电源集合和电源域的状态；-pstate <state_obj><state_list> 是指对于对象 state_obj 只排除 state_list 里列出的状态；-ptrans <state_obj><transition_list> 是指对于对象 state_obj 只排除 transition_list 里涉及的转换。

更多关于 **pstate** 和 **ptrans** 的覆盖率排除语法如下：

状态排除（**-pstate**）：CLI> coverage exclude -scope <scope_path> **-pstate** <state_object> <state list>

这里，<scope_path> 是指清单 6.15 列出的状态对象的范围。

....

清单 6.15 **<state_object>** 内容

（1）电源端口。

（2）PST。

（3）电源集合。

（4）电源域。

（5）电源开关。

（6）电源开关控制和确认信号。

（7）隔离单元信号（ISO_SIG）。

（8）保持单元保存信号（SAVE_SIG），保持单元恢复信号（RESTORE_SIG）。

所有从这个状态起始的状态转换和跳转至这个状态的状态转换都会被排除。

状态转换排除（**-ptrans**）：CLI> coverage exclude -scope <scope_path>
-ptrans <state_object> <transition list>

这里，<transition> 实际上是指 state1→state2 的转换。

另外，工具还支持 s1 → * 和 * → s1（这里的 * 表示简化的通配符）类型的状态转换覆盖率类型排除。

值得注意的是，在 PA-SIM 期间，由 **add_port_state**、**add_pst_state**、**add_power_state** 产生的所有功耗状态并非一直处于激活状态。一般而言，这些命令明确指定 UPF 对象的预定义和功耗状态，例如电源域、电源集合、电源端口和功耗状态表。该工具自动覆盖命名的状态及其状态转换。但是，在特定验证环境中，UPF 意图文件可能没有为上述对象指定所有可能的功耗状态。因此，该工具将缺失的功耗状态指定为"未定义"功耗状态，并在命名的功耗状态处于非激活状态时将这些状态分配为激活状态。覆盖率数据也可能包括覆盖率数据中"未定义"的功耗状态和状态转换信息。

6.3.3 生成自动测试计划：基于动态功耗验证和功耗状态转换

正如前文所述，从清单 6.11 中创建的覆盖率信息，包含动态功耗验证、功耗状态和状态转换，提供了额外的 PA 验证置信度。但是，除提供覆盖率收敛度量外，覆盖率信息还通过在过程中自动生成 PA 测试计划来促进验证的进行。自动测试计划是基于清单 6.16 中的覆盖率信息生成的。

清单 6.16 由动态功耗验证促成自动测试计划生成

（1）动态功耗验证。

（2）功耗状态和状态转换（主要来自电源域和电源集合）。

（3）端口状态及状态转换。

（4）功耗状态表及状态转换。

自动测试计划生成步骤：

· 编译：vlog- 无变化

· 优化：vopt- 需要加上 "vopt -pa_enable=autotestplan"

· 仿真：vsim- 需要加上 "vsim -coverage -assertcover "（也可以选择性地加上 -unattemptedimmed）

覆盖率分析、生成用于自动测试计划的 UCDB：

```
coverage save -pa pa.ucdb
```

（可选）生成 XML 格式的自动测试计划：

```
pa autotestplan -format=xml -filename=foo.xml
```

合并覆盖率 UCDB 和自动测试计划 UCDB：

```
vcover merge merged.ucdb pa.ucdb QuestaPowerAwareTestplan.ucdb
```

需要注意的是，当在自动测试计划生成过程中使用工具程序时，会在仿真过程中生成 QuestaPowerAwareTestplan.ucdb 文件。

在验证计划窗口查看合并的 UCDB，分析测试计划和报告：

```
vsim -viewcov merged.ucdb
```

可以使用功耗感知测试计划对相关验证进行进一步处理，以便与已实现的覆盖率结果进行比较，进一步改进总体测试计划。如前所述，为了实现这一过程，测试计划还可以以各种格式（包括电子表格）生成。PA-SIM 可视化系统能够根据自动测试计划提供 PA 覆盖场景。图 6.3 和图 6.4 分别显示了测试计划的 XML 格式及其可视化内容。

Testplan For Power Aware Coverage

#	Section	Description	Link	Type	Weight	Goal
1	alu_tester	Design hierarchical scope			1	100
1.1	dut	Design hierarchical scope			1	100
1.1.1	OUT_RET_sw	Power Switch			1	100
1.1.1.1	Power State Coverage	To cover Power States	OUT_RET_sw_STATE_COVERAGE.Valu_teste	COVERGROUP	1	100
1.1.1.2	Power State Transition	To cover Power State Transitions	OUT_RET_sw_TRANSITION_COVERAGE.Val	COVERGROUP	1	100
1.1.1.3	ctrl_p	Control Port			1	100
1.1.1.3.1	Power State Coverage	To cover Power States	ctrl_p_STATE_COVERAGE.Valu_tester/dut/pa_	COVERGROUP	1	100
1.1.1.3.2	Power State Transition	To cover Power State Transitions	ctrl_p_TRANSITION_COVERAGE.Valu_tester/d	COVERGROUP	1	100
1.1.2	OUT_sw	Power Switch			1	100
1.1.2.1	Power State Coverage	To cover Power States	OUT_sw_STATE_COVERAGE.Valu_tester/dut/	COVERGROUP	1	100
1.1.2.2	Power State Transition	To cover Power State Transitions	OUT_sw_TRANSITION_COVERAGE.Valu_test	COVERGROUP	1	100
1.1.2.3	ctrl_p	Control Port			1	100
1.1.2.3.1	Power State Coverage	To cover Power States	ctrl_p_STATE_COVERAGE.Valu_tester/dut/pa_	COVERGROUP	1	100
1.1.2.3.2	Power State Transition	To cover Power State Transitions	ctrl_p_TRANSITION_COVERAGE.Valu_tester/d	COVERGROUP	1	100
1.1.3	ALU_sw	Power Switch			1	100
1.1.3.1	Power State Coverage	To cover Power States	ALU_sw_STATE_COVERAGE.Valu_tester/dut/	COVERGROUP	1	100
1.1.3.2	Power State Transition	To cover Power State Transitions	ALU_sw_TRANSITION_COVERAGE.Valu_test	COVERGROUP	1	100
1.1.3.3	ctrl_high	Control Port			1	100
1.1.3.3.1	Power State Coverage	To cover Power States	ctrl_high_STATE_COVERAGE.Valu_tester/dut/	COVERGROUP	1	100
1.1.3.3.2	Power State Transition	To cover Power State Transitions	ctrl_high_TRANSITION_COVERAGE.Valu_test	COVERGROUP	1	100
1.1.3.4	ctrl_moderate	Control Port			1	100
1.1.3.4.1	Power State Coverage	To cover Power States	ctrl_moderate_STATE_COVERAGE.Valu_tester	COVERGROUP	1	100
1.1.3.4.2	Power State Transition	To cover Power State Transitions	ctrl_moderate_TRANSITION_COVERAGE.Valu	COVERGROUP	1	100
1.1.3.5	ctrl_low	Control Port			1	100
1.1.3.5.1	Power State Coverage	To cover Power States	ctrl_low_STATE_COVERAGE.Valu_tester/dut/p	COVERGROUP	1	100
1.1.3.5.2	Power State Transition	To cover Power State Transitions	ctrl_low_TRANSITION_COVERAGE.Valu_teste	COVERGROUP	1	100
1.1.4	IN_ISO_sw	Power Switch			1	100
1.1.4.1	Power State Coverage	To cover Power States	IN_ISO_sw_STATE_COVERAGE.Valu_tester/d	COVERGROUP	1	100
1.1.4.2	Power State Transition	To cover Power State Transitions	IN_ISO_sw_TRANSITION_COVERAGE.Valu_t	COVERGROUP	1	100
1.1.4.3	ctrl_p	Control Port			1	100

图 6.3　XML 格式的自动测试计划

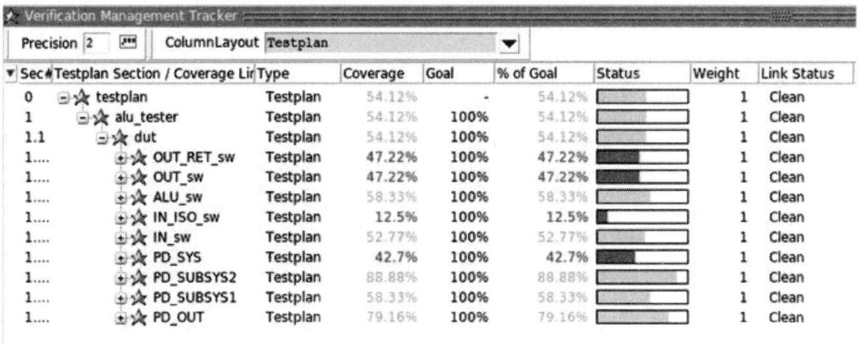

图 6.4 自动测试计划特性可视化

6.3.4 覆盖率计算模型：交叉覆盖率

交叉覆盖率计算模型基本上基于功耗状态的逻辑表达式，逻辑表达式通过逻辑网络、电源组的功耗状态、电源域或其组合进行定义，在对象处于定义的功耗状态时，逻辑表达式被评估为真。**add_power_state** 语义中的 *-logic_expr* 指定逻辑表达式，它们是交叉覆盖率提取过程的关键。

回顾 6.2 节的示例 6.4，通过 **describe_state_cross_coverage** 语义收集交叉覆盖率，下面通过 **add_power_state** 命令中逻辑表达式的具体示例进行说明。

1. 步骤 1：从交叉覆盖率中收集覆盖率信息

示例 6.7 描述了 **describe_state_cross_coverage** 针对不同电源域找到不同深度的交叉覆盖率数据，包括默认的深度 0、PD_OUT2 的深度 1、PD_SUBSYS1 的深度 2 和 PD_SYS 的深度 3。该工具基于深度信息处理每个类别的依赖关系图，并从 **add_power_state** 逻辑表达式中提取状态转换，例如"{PD_SUBSYS1 != PD_SUBSYS1_on && PD_SUBSYS2 != PD_SUBSYS2_on}"。

示例 6.7 从 **add_power_state** 收集交叉覆盖率

```
add_power_state PD_OUT -state PD_OUT_on {-logic_expr {PD_OUT.
  primary == PD_OUT_primary_on}}
add_power_state PD_OUT -state PD_OUT_off {-logic_expr {PD_OUT.
  primary == PD_OUT_primary_off}}
add_power_state PD_OUT -state PD_OUT_ret \
    {-logic_expr {PD_OUT.primary == PD_OUT_primary_off && PD_OUT.
  default_retention == PD_OUT_ret_on}}
```

```
add_power_state PD_OUT2 -state PD_OUT_on {-logic_expr {PD_OUT ==
    PD_OUT_on}}
add_power_state PD_SUBSYS2 -state PD_SUBSYS2_on \
    {-logic_expr {PD_SUBSYS2.primary == PD_SUBSYS2_primary_on}}
add_power_state PD_SUBSYS2 -state PD_SUBSYS2_off \
    {-logic_expr {PD_SUBSYS2.primary == PD_SUBSYS2_primary_off}}
add_power_state PD_SUBSYS1 -state PD_SUBSYS1_on \
    {-logic_expr {PD_SUBSYS1.primary == PD_SUBSYS1_high_volt && PD_
    OUT2 == PD_OUT_on}}
add_power_state PD_SYS -state RUN \
    {-logic_expr {PD_SUBSYS1 == PD_SUBSYS1_on && PD_SUBSYS2 == PD_
    SUBSYS2_on}}
add_power_state PD_SYS -state SLEEP \
    {-logic_expr {PD_SUBSYS1 != PD_SUBSYS1_on && PD_SUBSYS2 != PD_
    SUBSYS2_on}}
### configure cross coverage ##
describe_state_cross_coverage -domains {PD_SYS} -depth 3
describe_state_cross_coverage -domains {PD_SUBSYS1} -depth 2
describe_state_cross_coverage -domains {PD_OUT2}
```

虽然验证平台是电源状态向另一个状态转换的实际触发器，但是交叉覆盖率收集程序更多地取决于从层级路径展开这些转换对电源状态的依赖性。以下是 PA-SIM 的交叉覆盖率收集步骤。

- 编译：vlog- 无变化
- 优化：vopt- 需要加上"vopt -pa_coverage"
- 仿真：vsim- 需要加上"vsim -coverage -assertcover"

2. 步骤 2：覆盖率分析、生成交叉覆盖率的 UCDB

收集步骤 1 生成的覆盖率数据，生成交叉覆盖率数据库的过程与其他 UCDB 生成过程类似。

```
CLI> coverage save pacross.ucdb
```

3. 步骤 3：交叉覆盖率的结果报告

同样的，基于 UCDB 的交叉覆盖率结果分析和展示与其他覆盖率报告类似。

```
CLI> coverage save pacross.ucdb
```

示例 6.8 展示了交叉覆盖率报告示例。

示例 6.8　基于示例 6.7 的交叉覆盖率报告示例

```
POWER STATE COVERAGE:
---------------------------------------------------------------
  UPF OBJECT                              Metric Goal  Status
---------------------------------------------------------------
TYPE : POWER STATE CROSS
/alu_tester/dut/PD_SYS(ID:PD1),
/alu_tester/dut/PD_SUBSYS2(ID:PD2),
/alu_tester/dut/PD_SUBSYS1(ID:PD3),
/alu_tester/dut/PD_OUT2(ID:PD4),
/alu_tester/dut/PD_OUT(ID:PD5)            100.0% 100    Covered
POWER STATE CROSS coverage instance \/alu_tester/dut/pa_
  coverageinfo/ PD_SYS/PD_SYS_PS_CROSS/PS_CROSS_PD_SYS
                                          100.0% 100    Covered
Power State Cross                         100.0% 100    Covered
bin \PD1:SLEEP-PD2:PD_SUBSYS2_off            2     1    Covered
bin \PD1:RUN-PD2:PD_SUBSYS2_on-PD3:PD_SUBSYS1_on-PD4:PD_OUT_
  on-PD5: PD_OUT_on
                                             2     1    Covered
TYPE: POWER STATE CROSS
/alu_tester/dut/PD_SUBSYS1(ID:PD1),
/alu_tester/dut/PD_OUT2(ID:PD2),
/alu_tester/dut/PD_OUT(ID:PD3)            100.0% 100    Covered
POWER STATE CROSS coverage instance \/alu_tester/dut/pa_
  coverageinfo/ PD_SUBSYS1/PD_SUBSYS1_PS_CROSS/PS_CROSS_PD_SUBSYS1
                                          100.0% 100    Covered
  Power State Cross                       100.0% 100    Covered
    bin \PD1:PD_SUBSYS1_on-PD2:PD_OUT_on-PD3:PD_OUT_on
                                                   1    Covered
```

---

4. 步骤 4：分析 UCDB 的仿真后覆盖率数据

步骤 4 和 6.3.1 节动态功耗验证的步骤完全一致。为方便起见，还是再把命令在这里列一下。

在 UI 界面加载 UCDB：

```
GUI> vsim -viewcov <name>.ucdb
```

生成报告：

```
GUI> coverage report -pa [-details]
```

5. 步骤5：（可选）交叉覆盖率的排除

由于交叉覆盖率更侧重于捕获相互依赖的电源状态的覆盖率，显然基于 **add_power_state** 的逻辑表达式，可能的电源状态组合可能会多到爆炸，并可能与实际关注点偏离。因此，PA-SIM 工具提供了丰富的细粒度控制能力，通过排除来自定义报告生成。以下是该工具的交叉覆盖率排除程序以及简单的示例。

```
CLI> coverage exclude  -scope <scope_path>
                       -pstate <state_obj> <state_list>
                       -ptrans <state_obj> <transition_list>
                       -pcross
      Where,
      The -pstate <state_obj> <state_list>: Exclude only listed states
    from state_list of object state_obj
```

这里，-pstate <state_obj> <state_list> 是指仅排除对象 state_obj 的 state_list 里列出的状态；-ptrans <state_obj> <transition_list> 是指排除对象 state_obj 的 transition_list 里涉及的状态转换；-pcross 是指排除 -pstate 或 -ptrans 的交叉覆盖率。

-pcross 的交叉覆盖排除：

```
CLI> coverage exclude -pstype powerstate -pstate PD_SYS
```

这个指令会排除 PD_SYS 这样的（包含 PD_SYS 的比如 PD_SYS_PD_SUBSYS1_PD_SUBSYS2）交叉覆盖率仓。

```
CLI> coverage exclude -pstype powerstate -pstate PD_SYS RUN
```

变成：

```
排除 - {RUN PD_SUBSYS1_on PD_SUBSYS2_on}
包含 - {SLEEP PD_SUBSYS1_on PD_SUBSYS2_on}
CLI> coverage exclude -pstype powerstate -pstate PD_SYS SLEEP -pcross
排除 – 所有 SLEEP (PD_SYS) 的交叉覆盖率仓
（包含 – 不会排除电源状态和状态转换覆盖率）
```

值得一提的是，6.2 节解释的交叉覆盖率理论是基于 SystemVerilog covergroup 语义实现的。"交叉覆盖率仓"是覆盖率点转换的提取（图的边缘）。更精确地说，覆盖率仓可以包含一个或多个覆盖率点。覆盖率点可以是一个整数变量或一个整数表达式。每个覆盖率点包括与其采样值或其转换值相关联的一组覆盖率仓。正如在上述示例中看到的，这些覆盖率仓可以由用户显式定义，或者利用 SystemVerilog 语义的工具自动创建。

关于混合 RTL 和门级网表的覆盖率，还需要知道在 PA-SIM 期间，不会对门级单元实例范围进行功耗感知自动验证，这部分在第 5 章中讨论过。因此，它们被排除在任何覆盖率计算之外，该工具在名为"pachecks.excluded.txt"的报告文件中生成所有被排除的断言信息的列表。

覆盖率是一个巨大的主题，因此与动态功耗仿真结合在本章进行说明。因为覆盖率计算模型只有在仿真过程中才能开发出来。与非功耗感知不同，功耗感知覆盖率计算模型具有特殊性、复杂性和鲁棒性。

因此，在 DVIF 的每个阶段，通过仿真进行的动态验证是健壮的、关键的、强制性的验证过程，它结合了多样化的功耗感知特性、功能、计算模型、技术和趋势。动态功耗仿真是从电源规范和电源意图的角度验证设计功能的正确性。但是，从电源架构和微体系结构的角度看，这样的电源规范也会改变设计结构。通常，通过仿真来验证设计中与功耗相关的物理和结构变化，在验证时间、资源和效率方面都是昂贵的。

下一章将讨论不同视角的功耗感知验证，即静态功耗验证。具有内置功耗感知体系结构和微体系结构验证规则的静态功耗验证工具适用于从物理和结构角度验证功耗意图和设计。尽管按时间顺序 PA-SIM 验证讨论出现在静态功耗验证之前，但在 DVIF 中部署这些工具并没有特定的优先顺序。功耗感知验证工具的部署顺序大致取决于设计的抽象层级。

本章结语

第 6 章为计算动态功耗仿真覆盖率提供了详尽的解决方案。读者会发现清单 6.4 有助于理解 PA 状态机的机制，而清单 6.5、清单 6.6、清单 6.7、清单 6.8、清单 6.13 和清单 6.14 是完整的电源状态及状态转换的来源，可用于计算完整的覆盖率。特别来说，清单 6.11 中完整的覆盖率计算模型仍然是所有类型覆盖率计算的主要来源。虽然 **add_power_state** 是标准来源，但本章也通过扩展 UPF 命令 **describe_state_cross_coverage** 解释了交叉覆盖率计算。此外，还通过实际示例说明自动测试计划生成、UCDB 中覆盖率计算合并，以及覆盖率数据排除的细粒度控制。

第 7 章　基于UPF的静态功耗验证

本章首先介绍通用的静态功耗验证的基础,然后通过静态验证器的规则详细解释静态功耗验证的高级技术。此外,本章还提供交互式的静态验证示例,以此来解释如何调试设计并解决实际设计中的静态功耗验证问题。

静态功耗验证针对采用特定低功耗技术的设计,这些技术通过功耗意图或 UPF 实现。静态(static)这一术语来自于验证工具和方法,这些工具和方法基于功耗需求静态地将一组预定义的功耗感知(PA)或多电压(MV)规则应用到设计上。更精确地说,规则集合与 UPF 规范一起应用于设计的物理结构、体系结构和微体系结构,不需要任何外部激励或验证平台。

除 UPF 和待进行功耗感知验证的设计之外,还需要电源接地引脚启用标准 Liberty 库。需要选择性地添加仿真模型库,特别是当单元在 RTL 实例化、综合或布局布线时。第 4 章的表 4.2 总结了不同设计 – 验证 – 实现流程(DVIF)的静态功耗验证的库要求。本章将进一步详细说明静态功耗验证工具和工艺的确切库要求和处理机制,以及其他静态验证功能。

7.1 静态功耗验证:基础技术

正如第 5 章所提到的,静态功耗验证主要针对在体系结构和微体系结构方面发现影响设计的功耗感知结构问题。设计中发生的结构变化大多数是由于插入了特殊功耗管理和多电压单元,例如,PSW、ISO、LS、ELS、RPT 和 RFF。

这些功耗管理和多电压单元对于断电至关重要。这些单元的通用功能总结见清单 7.1。

清单 7.1 功耗管理和多电压单元的通用功能

(1)防止断电和上电时电源域之间不准确的数据传输。
(2)提供高电压到低电压,或低电压到高电压之间的准确逻辑分辨率。
(3)允许控制信号、时钟信号和复位信号穿过断电电源域。
(4)允许在断电或降低功率期间保持数据和状态。
(5)提供主电源、接地、偏置、相关备份电源连接。

这些通过多电压单元加入的特征和功能是在设计的不同抽象层级上获得的。另外,这些单元通过 UPF 策略和 Liberty 库定义。

静态功耗验证工具用于静态验证设计的基本技术，包括确定多电压或 PA 规则是否符合功率意图或 UPF 规范和 Liberty 库。工具执行所有可能的语法、语义和结构验证。显然，所有验证都基于内部集成或预先设计的 PA 规则。

还可以通过工具的外部接口使用 Tcl 程序添加自定义规则。PA 规则与 UPF 规范和 Liberty 库结合，在功耗验证和实现环境中，对于验证从 RTL 到电源网表的设计至关重要。

对于不同层级的设计抽象，基本静态功耗验证总结见清单 7.2。

清单 7.2 不同设计抽象层级的基本静态功耗验证

RTL 层级：

（1）功耗意图语法和 UPF 规范一致性验证，针对设计元素、数据、UPF 的控制信号或端口。

（2）功率体系结构验证，针对 ISO、LS、ELS、RFF 策略与 UPF 规范中的电源状态或电源状态表定义。

门级网表层级：

（3）微体系结构验证，针对控制信号、时钟、复位等的电源域的相对开启或常开顺序，确保源于相对开启或常开电源域，并且在关闭电源域时存在 RPT 或馈通缓冲器，这些验证是根据设计和 UPF 规范进行的。

电源网表和门级网表层级：

（4）物理结构验证，针对已实现的 PSW、ISO、ELS、LS、RPT、RFF 与 UPF 规范、Liberty 库，以及已插入或实例化的多电压单元或宏单元设计进行验证。

电源网表层级：

（5）电源接地引脚连接性验证，针对电源接地、偏置和备份电源引脚，识别开路电源线和引脚，与 Liberty 库、设计和 UPF 规范进行比较。

从上述分类可以明显看出，静态功耗验证可以早在 RTL 阶段开始，以进行基于 UPF 规范的一致性和体系结构验证，并扩展到门级网表，以进行微体系结构验证和物理结构验证。

电源接地引脚连接性验证只能在电源网表层级执行。虽然某些物理结构验证只能在电源网表层级实现，特别是 PSW、RPT 等通常在布局布线过程中实现，但这些策略在提取自布局布线的电源网表中可供静态功耗验证使用。

7.2 静态功耗验证：验证特性

回顾第 5 章图 5.1 所示的针对不同层级 DVIF 的动态功耗仿真和静态功耗验证要求，已知静态功耗验证对于 DVIF 的所有阶段都是强制性的，同时还需要进行功耗感知仿真。但是，静态功耗验证在门级网表和电源网表层级为设计提供了更为重要的深刻见解。这是因为特殊功耗管理多电压和宏单元仅在这些网表层级实际存在于设计中，并且提供了电源接地引脚连接性的详细信息。

按照 7.1 节的介绍，静态功耗验证输入要求见清单 7.3。

....

清单 7.3 静态功耗验证输入需求

（1）待验证的设计。

（2）带有 UPF 策略、电源状态或者电源状态表的 UPF 文件。

（3）多电压单元、宏单元及其他单元的电源引脚 Liberty 库（特别是门级网表或者门级网表之后的网表）。

....

同样需要提及的是，静态功耗验证器在编译时，对于在设计中实例化的多电压单元和宏单元，可选择性地使用 PA 仿真模型库。通过示例 7.1 中的代码片段解释模型库的要求。

示例 7.1 基于编译目标的静态功耗验证工具对 PA 仿真模型库的需求

```
// The RTL design contains LS cell instantiated as follows:
   module memory (input mem_shift, output mem_state);
   .....
/*68行*/ LS_HL mem_ls_lh3 (.I(mem_shift), .Z(mem_state));
   endmodule
// 编译时需要在 .v 文件中包含 LS_HS 模块的定义：
   'celldefine
     module LS_HL (input I, output Z);
       buf (Z, I);
         specify
           (I => Z) = (0, 0);
         endspecify
     endmodule
   'endcelldefine
```
否则仿真过程中会生成示例 7.2 中的报错信息。

示例 7.2 设计编译期间 PA 仿真报错

```
** Error: memory.v(68): Module 'LS_HL' is not defined.
```

这是一个 LS_HL 在设计中的实例化。代码中还提供了模型库和 LS 单元 Liberty 库的相应代码片段。工具流程将在后续 7.4 节进行讨论。为简单起见，在这里用其他相关工具流程解释静态功耗验证工具的设计、UPF、Liberty 库和库编译机制。

静态功耗验证工具实际上在执行静态验证之前分析输入信息。应用于验证设计的多电压或 PA 规则基于清单 7.4 中的信息，这些信息是从 UPF、Liberty 库和设计本身提取的，特别是在设计合成后的门级网表时。

清单 7.4 静态功耗验证工具分析的信息总结

（1）电源域。

（2）电源域边界。

（3）电源域交叉。

（4）电源状态。

（5）ISO、LS、ELS、RFF、PSW、RTP 等 UPF 策略。

（6）单元级属性。

（7）引脚级属性（只包括电源引脚）。

回顾第 3 章的 **create_power_domain -elements** {}语法和语义，该工具根据 UPF 策略和设计中的 HDL 层级实例来处理并创建电源域。指定和限制设计或元素某些部分的电源域的基本概念，在建立域间和域内通信的连接方面发挥着重要作用。

正如第 3 章和图 3.1 中解释的那样，电源域的形成通过 **create_power_ domain** UPF 命令和选项组合内在地定义了其域边界和域接口。具体来说，电源、电源策略、逻辑端口和线网连接以及子电源域层级连接都是通过域边界和域接口建立的。因此，电源域边界是 UPF 方法的基础，所有 UPF 策略和源–汇通信模型都是基于电源域边界建立的。

电源域交叉实际上是 PA 或多电压术语，与静态功耗验证工具相关，用于识别两个或更多的通过 HDL 信号线、网络和端口通信的电源域。电源域边界及其交叉实际上在工具内部制定了源–汇通信模型，不仅考虑了 HDL 连接和层级连接（HighConn 和 LowConn），还协调了 UPF、设计和 Liberty 库中定义的其他实质性因素。这些因素包括电源集合或电源网络的状态、电源域的状态、相应的电源端口和网络名称，以及为源 – 汇通信模型或整个设计形成不同运行模式的电源域的电源集合或电源网络的组合。运行模式的电源集合、电源网络、电源域及其组合是由 **add_power_state** 和 PST 表组成的，它们通常是通过在 UPF 中使用 **add_power_state**、**add_port_state** 和 **add_pst_state** 语义构建的。

示例 7.3 和示例 7.4 展示了通过电源状态形成运行模式的组件，最终加强源 – 汇通信模型的电源域交叉。

示例 7.3　来自 PST 的电源域 UPF 电源状态

```
set_scope cpu_top
create_power_domain PD_top
create_power_domain PD_sub1 -elements {/udecode_topp}
....
set_domain_supply_net PD_top \
  -primary_power_net VDD \
  -primary_ground_net VSS
....
set_domain_supply_net PD_sub1 \
  -primary_power_net VDD1 \
  -primary_ground_net VSS
create_pst soc_pt -supplies { VDD VSS VDD1}
add_pst_state ON -pst soc_pt -state { on on on}
add_pst_state OFF -pst soc_pt -state { on on off}
```

示例 7.4　来自 **add_power_state** 的电源域 UPF 电源状态

```
add_power_state PD_top.primary
  -state {TOP_ON -logic_expr {pwr_ctrl ==1}
  {-supply_expr { ( power == FULL_ON, 1.0 ) && ( ground == FULL_ON ) }
  -simstate NORMAL }
add_power_state PD_sub1.primary
  -state {SUB1_ON -logic_expr {pwr_ctrl ==1}
  { -supply_expr { ( power == FULL_ON, 1.0 ) && ( ground == FULL_ON, 0 ) }
  -simstate NORMAL }
add_power_state PD_sub1.primary
```

```
-state{SUB1_OFF -logic_expr {pwr_ctrl ==0}
{ -supply_expr{ ( power == FULL_ON, 0) && ( ground == FULL_ON, 0 )}
-simstate CORRUPT}
```

示例 7.3 和示例 7.4 分别是 UPF1.0 LRM 和 UPF2.1 LRM 规范基础上的两个例子，二者是可彼此替代的版本，是相同的信息在不同 UPF 标准的展示。这两个例子说明 PD_sub1 和 PD_top 包含作为层级树的父实例和子实例，因此存在 HDL 层级连接。此外，电源状态和运行模式表明 PD_sub1 具有 ON 和 OFF 模式，而 PD_top 只有 ON 模式。因此，工具内部在 PD_sub1 和 PD_top 之间生成跨电源域信息。另外，需要注意的是，第 3 章的 UPF 策略（例如 ISO，LS，RFF，PSW 等）是在 UPF 中与特定的源 – 汇通信模型相关联而明确定义的，见示例 7.5。

示例 7.5　ISO 策略和对应电源域的 UPF 代码片段

```
set_isolation Sub1_iso -domain PD_sub1 \
    -isolation_power_net VDD1 \
    -isolation_ground_net VSS \
    -elements {mid_1/mt_1/camera_instance}
    -clamp_value 0 \
    -applies_to outputs
set_isolation_control Sub1_iso -domain PD_sub1 \
    -isolation_signal {/tb/is_camera_sleep_or_off_tb} \
    -isolation_sense high \
    -location parent
```

示例 7.5 中，ISO 策略应用于表示源的 PD_sub1 电源域边界。显然，所有从域边界传播到任何目的地的信号都隐式地成为接收端。但是，源 – 汇模型的形成也与示例 7.3 和示例 7.4 中定义的电源状态相关联。工具在清单 7.4 中分析并提取的最后两个信息——单元层级和引脚层级属性，是静态功耗验证中非常重要的信息。因为，正如第 4 章所提到的，单元级属性实际上将单元分类为 ISO、LS 或 RFF 等，因此它是特殊功耗管理中多电压单元和常规单元的区别。

引脚级的属性处理，静态功耗验证和 PA-SIM 是不一样的，静态功耗验证只需要其中电源引脚的属性，见清单 7.5。

清单 7.5　Liberty 库中的电源引脚属性

- `pg_pin`
- `pg_type`
- `related_power`
- `related_ground`
- `bias_pin`
- `related_bias`
- `std_cell_main_rail`

在第 4 章已经讨论论过，"`power_down_function`" 是 PA-SIM 专用的，静态验证不需要它。

一旦在工具中提取和分析了不同类别的信息，就可以进行静态功耗验证。如 7.1 节所示，不同的设计抽象层级，静态功耗验证标准是不同的，因此，可以从 RTL 开始进行验证，只需完成清单 7.4 列出的 7 个分析信息中的前 5 个（即电源域、电源域边界、电源域交叉、电源状态和 UPF 策略）。最后两个分析信息，单元级属性和引脚级属性，对于未完成网表和电源网表层级静态功耗验证是必需的。但是，在更高层级的设计抽象（如 RTL）中进行的静态功耗验证必须在更低层级精确重复，在门级网表和电源网表层级进行的专用验证，只是为了确保在整个验证过程中实现一致的静态功耗验证结果。在 RTL 上进行适合门级网表或电源网表的验证，肯定不会提供目标结果。这是因为 RTL 的静态功耗验证仅限于 Power Intent 语法和 UPF 一致性验证以及电源体系结构验证，仅适用于清单 7.2 列出的 ISO、LS、ELS、RFF 策略定义。

通常，静态功耗验证工具会对收集、提取和分析的信息以及内置的多电压或 PA 规则进行验证。该工具用于将内置多电压或 PA 规则与 UPF 策略、物理设计、库属性和分析信息进行匹配的方法见清单 7.6。

清单 7.6　静态功耗验证规则和 UPF 策略分析方法

（1）UPF 策略：验证 UPF 策略是否正确、是否有遗漏或冗余的 PA 规则。

（2）特殊功耗管理多电压单元：验证多电压单元是否正确、是否有遗漏或冗余的 PA 规则。

　　上面两种验证还可以同时比对进行：

（3）UPF 策略和多电压单元交叉比对：UPF 策略存在而对应的多电压单元不存在，反之亦然。

上述 UPF 策略或多电压单元方面任何的正确、错误、遗漏和冗余单元不仅用于多电压单元类型验证的语法和语义定义，还负责验证应用策略或实际插入单元的位置，包括域边界接口、端口、线网和层级化实例路径。

但是，该工具有时可能无法在特定情况下进行验证，特别是在源 – 汇电源域通信模型之间缺少电源状态或 PST 状态的情况，这种情况通常称为"未分析"。

此外，静态验证器还要求对 UPF 策略（如 ISO、ELS、RFF 和 PSW 等）的控制和确认信号进行验证。具体来说，是要确保控制信号不是来自相对 OFF 的电源域，也不是来自应用该策略的位置或实际驻留单元。此外，还需要对控制信号的以下几方面进行确认，见清单 7.7。

清单 7.7　针对 UPF 策略的控制信号的静态功耗验证要求

（1）不得跨越任何相对 OFF 的电源域。
（2）不得源自或驱动任何相对 OFF 的电源域。
（3）不得传播未知值。
（4）具有正确的极性。
（5）可达。
　　此外，还要求对 UPF 策略进行验证以确保：
（6）UPF 策略不应用于物理插入另一个多电压单元的控制信号路径。
（7）UPF 策略不应用于设计的任意控制信号路径（如扫描控制）。
　　此外，需要确保多电压单元没有在下面的情况下被插入：
（8）在源 – 汇通信路径、设计时钟、设计复位、上拉和下拉网络的任何组合逻辑，以及在具有恒定值的网络或端口上，特别是在 RTL 处，其可能在合成中变为上拉或下拉逻辑。

另外值得一提的是，在 RTL 上对多电压单元进行静态功耗验证，它们的类型（AND、OR、NOR、锁存器）或位置将生成错误结果。

这是因为多电压单元只有在综合后才可用，或者只有将其手动实例化为混合 RTL 之后才可用。虽然根据 UPF 定义和工具内部分析能力，静态功耗验证器在适当情况下可提供适用于 RTL 虚拟推断单元的选项，但最好忽略或关闭这些选项，专注于列表 7.2 中的 RTL 分类验证。

7.3 静态功耗验证：库处理

正如在 7.1 节和 7.2 节提到的，Liberty 库的单元级属性和引脚级属性是门级网表（综合后）和电源网表（布局布线后）精确静态功耗验证的必需条件。回顾第 4 章关于 Liberty LS 单元的示例 4.1 和示例 4.2，示例 7.6 将特定单元分类为 LS 单元的特殊单元级属性。

示例 7.6 LS 单元的 Liberty 单元级属性

- `is_level_shifter: true`
- `level_shifter_type: HL_LH`
- `input_voltage_range`
- `output_voltage_range`

静态功耗验证器搜索这些属性以识别单元为 LS 以及 LS 的工作电压范围。从第 4 章的示例 4.4 中可知，LS 的输入电压范围为 1.2 ~ 0.8V，即 HL（高至低），输出电压范围为 0.8 ~ 1.2V，即 LH（低至高）。对于不同的 LS 配置，可能是相反的，因此，一般工作电压范围为 0.8 ~ 1.2V。

其他属性称为引脚级属性，见清单 7.5。静态功耗验证工具从 `pg_pin` 和 `pg_type` 属性中收集主电源引脚和接地（以及偏置）引脚或端口信息。

"related_power / ground_pin" 或 "related_bias_pin" 为单元的每个输入或输出逻辑端口或引脚提供相关电源、接地或偏置电源连接信息。相关电源增加了 `pg_pin` 和 `pg_type` 属性，这些属性表示电源的功能，无论是主电源、主接地还是 N-WELL 或 P-WELL 偏置引脚，见示例 7.7。

示例 7.7 LS 的电源引脚、接地引脚和偏置引脚

```
pg_pin(VNW) {pg_type : nwell;
pg_pin(VPW) {pg_type : pwell;
pg_pin(VDDO){pg_type : primary_power ;
pg_pin(VSS) {pg_type : primary_ground ;
pg_pin(VDD) {pg_type : primary_power ;
std_cell_main_rail : true ;
....
pin(A) {
related_power/ground_pin : VDD/VSS ;
```

```
related_bias_pin : "VNW VPW";
level_shifter_data_pin : true;
....
```

因此，对于多轨单元，特别是多电压和宏单元——例如示例 4.1 和示例 4.2 中的 LS 单元（其实就是多电压单元）——通常拥有不同的相关电源，输入为引脚（A）和相关电源（VDD / VSS），输出为引脚（Y）和相关电源（VDDO/ VSS）。

'std_cell_main_rail' 属性定义了被视为主要电路的主电源引脚（VDD），这是一个电源连接参数，在布局布线后需要该参数。但是，在门级网表中，静态功耗验证器利用该属性分析多电压或宏单元的主电源或初级电源。

std_cell_main_rail 验证基于示例 7.8 中的 Liberty 语法完成。

示例 7.8 `std_cell_main_rail` 的 Liberty 语法

```
pg_pin(VDD) {
voltage_name : VDD;
pg_type : primary_power;
std_cell_main_rail : true;
}
pg_pin(VDDO) {
voltage_name : VDDO;
pg_type : primary_power;
}
```

std_cell_main_rail 属性在 primary_power 电源引脚中定义。当属性设置为 True 时，pg_pin 用于确定哪个电源引脚是单元中的主干，即示例 7.5 中的 VDD。实际上，实现（综合）工具专门针对 LS（和宏）查看 std_cell_main_rail（而不是 voltage_name），并在设计中相应地连接或插入 LS。

示例 7.9 显示了静态功耗验证中 std_cell_main_rail 分析的结果片段。

示例 7.9 `std_cell_main_rail` 的静态功耗验证结果分析片段

```
std_cell_main_rail
VDD
std_cell_main_rail: true, File: ls.lib (15)
```

```
pg_type: primary_power, File: ls.lib (13)
VDDL
pg_type: primary_power, File: ls.lib (18)
VSS
pg_type: primary_ground, File: ls.lib (22)
```

尽管在 7.2 节明确提到，PA 仿真模型库的要求对于静态功耗验证工具是可选的，并且仅用于编译目的。但是，静态功耗验证工具在 PA 仿真模型库与 Liberty 库中的对应部分之间会进行一致性验证，以确定 PA 仿真模型库是否具有功耗感知能力。一致性验证会比较所有电源引脚、接地引脚、相关引脚和偏置引脚的电源端口和线网或引脚名称。

由于相关电源和接地信息与逻辑端口相关，静态功耗验证器进一步揭示了两个库之间的逻辑引脚等效性。如果两个库的电源和逻辑端口或引脚匹配，则认为 PA 仿真模型库具有功耗感知功能（或 PA-SIM 模型库）。在 PA 仿真模型库和 Liberty 库之间不会比较 power_down_function，因为模型或 Liberty power_down_function 的破坏语义完全由 PA-SIM 驱动，这种机制在第 5 章的 5.5 节已有解释。

7.4 静态功耗验证：验证实践

静态功耗验证的基本原理已经讨论过了，并且通过第 5 章和第 6 章以及本章前面的部分建立了 PA-SIM 和静态功耗验证平台的基础。研究表明，PA 方法和技术对待验证设计的功能和结构范例提出了巨大挑战。

但是，人们观察到，对设计的功耗规范、功耗意图、采用的验证技术、固有的工具特性以及微妙的方法有清晰的认识，才有可能成功实现功耗感知验证。即使结构问题在体系结构和微体系结构方面对设计产生物理层面的影响，但是清单 7.8 中的观点简化了静态功耗验证过程。

清单 7.8 简化的静态功耗验证观点

（1）在每个设计抽象层级都明确实际的验证标准。

（2）了解工具的输入要求。

（3）掌握工具内部分析方法的概念。

（4）在设计中实现内置多电压规则的静态部署机制。

显然，上述观点将确保在体系结构和微体系结构角度实现简洁的 PA 设计。

与 Questa® PA-SIM 需要 3 步流程进行动态验证（在第 5 章中讨论）不同，静态功耗验证工具流程只需要两个步骤：编译和优化。

由于待验证设计的编译标准对于 PA-SIM 和静态功耗验证完全相同，优化是两个 PA 验证工具都需要执行的过程，在 UPF 的整个编译设计中，功耗感知对象（如电源域，电源，功率策略等）都得到阐述。

显然，以静态功耗验证为目标，设计的编译过程是不需要验证平台的。同时需要重点关注的是，在优化阶段会有大量静态功耗验证专用的工具流程。这些流程保证了从 UPF、Liberty 库和设计中提取并累积实际的功耗信息，用来执行针对设计的内部分析以及内置的或者用户自定义的多电压功耗规则。静态功耗验证相关的特殊命令和选项基于清单 7.9 给出的内容。

清单 7.9　静态功耗验证的基本内容

（1）验证目标和范围。
（2）工具输入要求。
（3）结果输出的内容和范围。

这些与 PA-SIM（如第 5 章 5.5 节所示）大部分相似，只有"调试功能"对静态功耗验证来说是多余的，因为静态验证的结果在优化阶段可用。但是，在优化阶段产生的静态功耗验证结果报告会有不同的冗杂度，这部分会在后续章节中进行讨论。

正如第 5 章所述，静态功耗验证的设计输入要求与 PA-SIM 完全相同。静态功耗验证还是需要使用 Verilog、SystemVerilog、VHDL 或这些语言的任意组合来完成设计的 HDL 表示。强烈建议 HDL 设计采用可综合的 RTL、门级网表、电源网表或这些形式的任意组合。第一步是通过 vlog 或 vcom 命令分别为 Verilog/SystemVerilog 以及 VHDL 编译设计。

接下来，通过 vopt 命令优化编译后的设计是静态验证最关键的部分。与 PA-SIM 类似，静态功耗验证的 vopt 命令处理 UPF 功耗意图规范、Liberty 库，并接受所有与功耗相关的验证命令和选项作为参数。标准静态功耗验证的典型命令和选项格式见示例 7.10。

示例 7.10　标准静态功耗验证的典型命令格式

```
Compile: vlog -work work -f design_rtl.v
```

```
Optimize: vopt -work work \
    -pa_upf test.upf \
    -pa_top "top/dut" \
    -o Opt_design \
    -pa_checks=s \
    <Other PA commands>
```

要注意，vopt 命令 "-pa_checks=s" 的 "s" 表示静态验证工具支持的所有可能的静态验证。更精细的控制选项可以实现执行或者禁用特殊验证，比如只执行 ISO 相关的验证，可以通过示例 7.11 的 vopt 命令来实现。

示例 7.11 只执行 ISO 验证的特定静态功耗验证
· 编译：无变化。
· 优化：vopt- 需要加上 "vopt -pa_checks=smi, sri, sii, svi, sni, sdi, si" 以及其他需要的命令和选项。

类似的，在门级网表和电源网表执行静态功耗验证，需要示例 7.12 和示例 7.13 的流程。

示例 7.12 执行门级网表的静态功耗验证
· 编译：无变化。
· 优化：vopt- 需要加上 "vopt -pa_checks=s+gls_checks" 以及其他需要的命令和选项。

示例 7.13 执行电源网表的静态功耗验证
· 编译：无变化。
· 优化：vopt- 需要加上 "vopt -pa_checks=s+gls_checks -pa_enable=pgconn" 以及其他需要的命令和选项。

之前提到过，Liberty 库（.lib）文件是静态功耗验证的强制输入，不论是对于门级网表还是电源网表，甚至是混合 RTL 都是这样。幸运的是，第 5 章的 5.8 节讨论的 Liberty 库处理对于静态功耗验证来说也是完全一样的。门级网表的 Liberty 库的工具流程处理细节已经在 5.8 节介绍了。

7.5　静态功耗验证：验证结果和调试技术

静态功耗验证结果报告非常直接，在格式、内容和表现方面与 PA-SIM 大不相同。静态功耗验证报告主要基于文本，但是，在原理图查看器上对 PA 相关逻辑和相关 UPF 对象进行可视化表示，往往可以更快探测错误并加以修复。

静态功耗验证主要面向 UPF 策略（比如 PSW、ISO、ELS、LS、RFF 和 RTP 等）。这些策略都是用 UPF 策略命令（比如 **set_isolation**、**set_level_shifter** 等）显示定义的，然后按照 7.2 节的讨论，它们和不同电源域之间的关联是通过定义以及 **add_power_state** 或者 PST 状态来验证的。

静态功耗验证工具对这些 UPF 定义和对象进行内部分析，正式确定源 – 汇通信模型，因此需要以一种有组织的、简单的可搜索格式来表示这些信息。

在审查静态功耗验证报告以有效追踪结构方面的异常时，需要充分理解这些报告的内容和背景、内容来源、组织格式、特殊术语、关联性以及信息之间的相关性等。根据本章前面部分的讨论，很明显，静态功耗验证起源于清单 7.10 中的不同资源，并与这些资源相关。

清单 7.10　与静态功耗验证相关的 UPF 和设计对象资源

（1）电源域、电源域边界、电源域接口、端口的 HighConn 侧与 LowConn 侧、电源域交叠、源 – 汇通信模型。
（2）相关的电源集合状态、电源端口状态、电源线网状态。
（3）来自 **add_power_state** 或者 PST 的电源状态。
（4）设计抽象层级（RTL、门级网表、电源网表等）。
（5）工具内置的多电压和 PA 规则。
（6）来自 Liberty 库的单元级属性和引脚级属性。

这些资源用于显示质量分析和数据有效性（静态功耗验证）的结果，这些结果适用于所有静态功耗验证环境，而且非常通用和全面。报告和结果的组织图表还取决于工具的分析方法和处理能力，概括见清单 7.11。

清单 7.11　相关 UPF 和设计对象资源的静态功耗验证结果展示

（1）UPF 定义的语法和语义：展示 UPF 文件中功耗意图的语法正确性和语义正确性，需要对照正确的 UPF LRM 发布的版本。

（2）UPF 策略和多电压单元：展示 UPF 策略或者多电压单元的正确性、内容错误、内容遗漏、内容冗余以及未分析内容等信息。

（3）混合 UPF 策略和多电压单元：展示多电压单元的位置、类型、控制信号极性、库一致性和电源引脚连接性。

（4）电源：展示多电压单元相关的电源集合、电源端口和电源线网。

（5）设计属性：展示设计控制信号（比如扫描控制）、时钟信号、复位信号、组合逻辑路径等是否对 UPF 策略和多电压单元的部署来说是安全的。

考虑到上述详尽的资源清单和报告组织方法，需要根据设计抽象层级，基于 UPF、Liberty 库和设计分析静态功耗验证结果。同样明显的是，静态功耗验证报告和 UPF 策略以及相应的多电压单元深度绑定。因此，静态功耗验证工具通常被视为 ISO、ELS、LS、PSW、RFF 和 RPT 等策略的专用验证工具。虽然这种考虑并没有错，但静态功耗验证的范围通常会扩展到 UPF 策略以外，还可以验证 UPF 语义和 Liberty 库的一致性。

讨论了关于静态功耗验证的所有事实和特点之后，显然，一个标准的静态功耗验证结果报告至少包含清单 7.12 中的内容，用于进行有效调试。

清单 7.12　用于高效静态功耗验证调试的结果报告基本要求

功耗意图和 UPF 一致性报告：

（1）电源域（PDs）。

（2）已创建域的层级路径。

（3）电源域的主要电源和接地。

（4）电源域相关电源集合句柄。

（5）电源集合的参考地。

UPF 策略（以 ISO 为示例）报告：

（1）ISO 策略名称和对应的 UPF 文件名。

（2）ISO 电源。

（3）ISO 控制信号、极性和钳位值。

（4）被隔离的信号。

PA 设计元素报告：

（1）静态功耗验证报告（内容可能会根据设计是 RTL、门级网表还是电源网表而有区别）。

（2）多电压单元和宏单元报告。

（3）多电压单元和宏单元连接报告。

（4）电源状态和 PST 分析报告。

示例 7.14 ~ 示例 7.20 展示了 UPF 中 ISO 策略（CAM_iso）和对应静态功耗验证结果报告的一部分。

示例 7.14 ISO 策略的静态功耗验证报告片段

```
---- Snippet of UPF file for ISO Strategies ----
set_isolation CAM_iso -domain PD_camera \
  -isolation_power_net VDD_cm \
  -isolation_ground_net VGD \
  -elements {mid_1/mt_1/camera_instance} \
  -clamp_value 0 -applies_to outputs
set_isolation_control CAM_iso -domain PD_camera \
  -isolation_signal /tb/is_camera_sleep_or_off_tb \
  -isolation_sense high \
  -location parent
map_isolation_cell CAM_iso -domain PD_camera -lib_cells {ISO_LO}
```

UPF 策略说明：这个 UPF 代码片段包含名为 CAM_iso 的 ISO 策略。这个 ISO 单元是 AND 类型（钳位值为 0）的，位于 PD_camera 的父级电源域上。

示例 7.15 **CAM_iso** 的 PA 体系结构报告片段

```
Power Domain: PD_camera, File: ./mobile_top.upf(7).
  Creation Scope: /tb
  Extents:
      1. Instance : ~/camera_instance
    Isolation Strategy: CAM_iso, File: ./mobile_top.upf(64).
    Isolation Supplies:
      power : /tb/VDD_cm
      ground : /tb/VGD
    Isolation Control (/tb/is_camera_sleep_or_off_tb),
      Isolation Sense (HIGH), Clamp Value (0), Location (parent)
    Signals with default isolation cells:
  1. Signal : ~/camera_instance/out_data, isolation cell: ~/
  out_data_UPF_ISO
    Signals with -instance isolation cells:
  1. Signal : ~/camera_instance/out_data, isolation cell: ~/
  iso_cm_o
```

```
2.Signal : ~/camera_instance/camera_state[0], isola-tion
  cell : ~/iso_cm_s0
3.Signal : ~/camera_instance/camera_state[1], isola-tion
  cell : ~/iso_cm_s1
```

　　PA 体系结构报告说明：该片段显示所有 PA 架构信息，如 PD、相关 UPF 文件、PD 的层级结构实例范围、ISO 电源、ISO 控制、类型、已部署策略的位置，以及对以后在静态功耗验证报告文件中报告的 ISO 问题至关重要的已插入 ISO 单元的实例列表。

示例 7.16　PA 设计单元报告片段

```
PD_camera.CAM_iso-instance: {Path7} = scope ~/iso_cm_s1
PD_camera.CAM_iso-instance: {Path8} = scope ~/iso_cm_s0
PD_camera.CAM_iso-instance: {Path9} = scope ~/iso_cm_o
PD_camera.CAM_iso-instance: {Path7}/Z
PD_camera.CAM_iso-instance: {Path8}/Z
PD_camera.CAM_iso-instance: {Path9}/Z
```

　　PA 设计单元报告说明：报告里列出了和实例化 ISO 单元作用域相关的设计单元的路径。

示例 7.17　多电压单元和宏单元连接性报告片段

```
Verification Model File : isolation.v(4)
  Liberty Model File : isolation.lib(7)
  is_isolation_cell : true, File : isolation.lib(7)
  Ports :
    ISO_EN, File : isolation.v(4)
      direction : input
      related_power_pin : VDD, File : isolation.lib(27)
      related_ground_pin : VSS, File : isolation.lib(26)
      isolation_cell_enable_pin : true, File : isolation.lib(25)
    I, File : isolation.v(4)
      direction : input
      related_power_pin : VDD, File : isolation.lib(21)
      related_ground_pin : VSS, File : isolation.lib(20)
      isolation_cell_data_pin : true, File : isolation.lib(19)
```

```
    Z, File : isolation.v(4)
      direction : output
      functionality : ((~ISO_EN) & I), File : isolation.lib(32)
      power_down_function : ((~VDD) | VSS), File : isola-tion.
        lib(31)
      related_power_pin : VDD, File : isolation.lib(34)
      related_ground_pin : VSS, File : isolation.lib(33)
    VDD, File : isolation.lib(9)
      direction : input, File : isolation.lib(9)
      pg_type : primary_power, File : isolation.lib(10)
    VSS, File : isolation.lib(13)
      direction : input, File : isolation.lib(13)
      pg_type : primary_ground, File : isolation.lib(14)
```

多电压单元和宏单元连接性报告说明：这个报告文件的内容是从对应的多电压（也就是示例中的 ISO 单元）单元和宏单元的 Liberty 库文件中提取的。

示例 7.18　静态功耗验证报告片段

```
+======================================+
|| Domain Crossing Checks Summary report ||
+======================================+
 Check-ID Count Severity Description
-------------------------------------------------
 ISO_VALID 7 Note Valid isolation cells
-------------------------------------------------
+==========================+
|| GLS Checks Summary report ||
+==========================+
 Check-ID Count Severity Description
-------------------------------------------------
 ISO_VALID_CELL_WITH_STRATEGY 7 Note Valid
 Isolation cell and strategy
-------------------------------------------------
 ISO_VALID_STRATEGY_NO_CELL 1 Note Isolation
 strategy with NO cell
-------------------------------------------------
 ISO_CTRL_REACH_DATA 3 Warning Isolation
 cell with control reaching data
-------------------------------------------------
+=================================================+
```

```
|| Domain Crossing wise static Checks Detailed report ||
+======================================================+
--------------------------------------------------------
2.Source
power domain: PD_camera to Sink power domain: PD_mobile_top. Total
  4(1*) Valid isolation cells
  2.1. Source port: ~/camera_instance/camera_state[0] [LowConn]
    to Sink port: ~/iso_cm_s0/Z [LowConn], width:1
  Total 1 Valid isolation cells
  2.1.1. Inferred type: ISO_VALID, count: 1
  Candidate Port: ~/camera_instance/camera_state[0], Isolation
    Cell: ~/iso_cm_s0(ISO_LO), Strategy: CAM_iso, Domain: PD_camera
  Possible reason: 'Isolation is required and is present from (PD_
    camera) => (PD_mobile_top)'
  Analysis link: [PD1_to_PD2]
+==============================+
|| GLS Checks Detailed report ||
==============================+

+..................................+
||      ---- ISOLATION CELLS ----     ||
+..................................+

+----------------------------------+
|| DESIGN CELL : ~/iso_mem_s1(ISO_LO) ||
+----------------------------------+

  CELL TYPE      : Isolation Cell
  LIBERTY INFO  : Model : ISO_LO,
    Verification Model File: ~/libraries/isolation/isolation.v(4),
      Liberty Model File : ~/libraries/isolation/isolation.lib(7)
  CHECK TYPE: ISO_CTRL_REACH_DATA
    STRATEGY       : MEM_iso, File: ./mobile_top.upf(68)
    POWER DOMAIN   : /tb/PD_memory, File: ./mobile_top.upf(8)
    SOURCE PORT    : ~/internal_memory/mem_ls_lh3/I (PD: /tb/
      PD_memory)
    SINK PORT      : ~/iso_mem_s1/Z (PD: /tb/PD_mobile_top)
    ANALYSIS REASON : Isolation is required and is present from
      (PD_memory) => (PD_mobile_top). However ISO enable signal for
      UPF strategy reaches the data pin of the cell
  +-----------------------+
```

```
||  MISSING DESIGN CELL   ||
+------------------------+
  CHECK TYPE : ISO_VALID_STRATEGY_NO_CELL
    STRATEGY            : CAM_iso, File: ./mobile_top.upf(64)
    POWER DOMAIN        : /tb/PD_camera, File: ./mobile_top.upf(7)
    SOURCE PORT         : ~/camera_instance/out_data (PD: /tb/PD_
       camera)
    SINK PORT           : ~/camera_instance/out_data (PD: /tb/PD_
       mobile_top)
    ANALYSIS REASON     : Isolation is required and is present from
       (PD_camera) => (PD_mobile_top). However corresponding cell is
       not found, hence inferred
```

静态功耗验证报告说明：这个报告是总结指定多电压单元静态功耗验证的关键报告。当验证过程中发现问题时，对应的问题会明确地在多个子小节中进行详细解释。

比如说，结果报告 ISO_CTRL_REACH_DATA 中带有严重性警告，需要解决，并尽可能地修正问题。ISOLATION 单元子章节提供了与单元问题相关的所有信息细节，这个子章节带有下面的副标题：

CHECK TYPE: ISO_CTRL_REACH_DATA.

很明显，发生问题的单元是隔离单元，库单元名称是 ISO_LO，策略名称是 CAM_iso，相关电源域是 PD_camera。报告还提供了源端口和接收端口名称，分别是 ~/camera_instance/out_data 和 ~/iso_cm_o/Z。

报告还识别了源 - 汇通信模型，即 (PD_camera) => (PD_mobile_top)。因此，为了解决这个问题，需要了解"助记符标识符"ISO_CTRL_REACH_DATA 的固有含义。从字面和技术上讲，这个助记符是指"在（SRC PD）=>（SINK PD）中存在有效的 ISO 策略和单元"。但是，UPF 策略的 ISO 使能信号会到达单元的数据引脚。

下面的报告有助于追踪静态问题，在调试阶段同样重要。

示例 7.19　UPF、HDL 和 Liberty 库的链接报告片段
```
-- This is the report of connections between UPF, HDL and
-- liberty files.
-- Format :
```

```
-- Hierarchical path of net/port [UNIQUE ID] <pg_type> <LHS VCT><=
   /<=> <RHS VCT> Hierarchical path of net/port [UNIQUE ID] <pg_type>
-- where :
-- UNIQUE ID : Unique id for UPF/HDL/Liberty nets/ports
--              UPFSN# ==> UPF supply net
--              UPFSP# ==> UPF supply port
--              UPFCP# ==> UPF control port
--              UPFAP# ==> UPF acknowledge port
--              UPFLP# ==> UPF logic port
--              UPFLN# ==> UPF logic net
--              HDL# ==> HDL port/net
--              LIB# ==> LIBERTY port/net
-- <= : LHS net/port is driven by RHS net/port
-- <=> : Inout connection
-- LHS VCT : VCT used for LHS side of connection
-- RHS VCT : VCT used for RHS side of connection
------------------------------------------------------------
/tb/PD_camera.CAM_iso.PWR [UPFSP2] <= /tb/VDD_cm [UPFSN2]../
   mobile_top.upf(64)
/tb/PD_camera.CAM_iso.GND [UPFSP5] <= /tb/VGD [UPFSN3]../
   mobile_top.upf(64)
/tb/PD_camera.CAM_iso.isolation_signal [UPFCP1] <= /tb/is_
   camera_sleep_or_off_tb [HDL1]../mobile_top.upf(65)
```

UPF、HDL 和 Liberty 库的链接报告说明：这个报告有助于识别隔离信号，该信号是 UPF 文件名 "mobile_top.upf" 第 65 行中定义的控制端口 [UPFCP1]，与设计实例 "/tb" 的 HDL [HDL1] 端口 "is_camera_sleep_or_off_tb" 相连，具体为（/tb/is_camera_sleep_or_off_tb）。

验证 "mobile_top.upf" 第 65 行，显示以下信息：

```
# mobile_top.upf 的第 65 行：
set_isolation_control CAM_iso-domain PD_camera-isolation_signal
/tb/is_camera_sleep_or_off_tb-isolation_sense -location parent
```

验证实际的 HDL 设计，其中 ISO 单元 "ISO_LO" 以 "iso_cm_o" 实例化，如下所示：

```
ISO_LO iso_cm_o (
```

```
.I (camera_out_data),
.ISO_EN (is_camera_sleep_or_off),
.Z (camera_out_data_isolated)
);
```

此外，这也是静态功耗验证报告文件提供的信息重点，其中接收端口如下：

```
SINK PORT: ~/iso_cm_o/Z (PD: /tb/PD_mobile_top)
```

由于 ISO 策略应用于 PD_camera (~/camera_instance) 的输出，并且单元位置被指定为 UPF 文件的父单元，"ISO_EN" 是 ISO 单元的启用端口，如示例 7.17 所示，因此，需要修改 HDL 实例 .ISO_EN (is_camera_sleep_or_off)，修正 ISO_CTRL_REACH_DATA 的警告。一旦修正，就需要重新运行设计并确认 ISO_EN 或隔离控制信号已连接到适当的 HDL 端口或网络。

示例 7.20　PST 分析报告片段

```
3. PD_camera -> PD_mobile_top [PD1_to_PD2]:
   Isolation: Required
   Level shifter: Not Required
     Maximum voltage difference: 0.00 V
   Details:
     Analysis between supplies:
       Source  Supply: VDD_cm, drives PD_camera.primary.power
       Source  Supply: VSS, drives PD_camera.primary.ground
       Sink    Supply: VDD, drives PD_mobile_top.primary.power
       Sink    Supply: VSS, drives PD_mobile_top.primary.ground
         Reason: Same source and sink GROUND supplies.
       PST used for analysis: /tb/top_pst
       +-------------+------------------+
       | State(s)    | VDD_cm  | VDD    |
       |             | {Source} | {Sink} |
       +-------------+------------------+
       | {ON}        | ON_1_0  | ON_1_0 |
       | {SLEEP,OFF} | OFF     | ON_1_0 |Iso
       +-------------+------------------+
```

PST 分析报告说明：PST 状态或 **add_power_states** 的 PST 分析报告提供了 UPF 策略要求的逻辑命题。这里，VDD_cm 和 VDD 分别是源端和接收器端

的电源，并且存在一种状态，即 VDD_cm 需要关闭，而 VDD 仍然开启。因此，ISO 要求标记在表格格式的旁边。虽然对于少数电源域及其状态组合来说，这似乎微不足道，但对于大量电源域来说，这份分析报告似乎是一个合适的资源。

此外，验证提供了不同严重性的问题，如错误、警告、信息或注释，不同严重性问题的处理方案不同。错误和警告需要得到妥善处理和修复，而某些类别的警告可能会被丢弃、抑制或降级为信息或注释，具体取决于问题的来源，通常是根据具体情况逐个解决。这些类型的警告可能广泛来自 DFT、扫描插入、ECO 等，因为它们通常在综合后或主要多电压单元物理插入后执行。

任何验证环境的主要目标都是实现无缺陷的设计。同样，静态功耗验证需要确保设计在电源体系结构和微体系结构方面在物理上是正确的。显然，有效调试和修复问题、漏洞和异常取决于对设计规范、功耗规范、工具技术和方法的清晰认识，以及对报告机制的全面理解。虽然 UPF 给功耗设计增加了额外的物理复杂性，但静态验证不需要验证平台，激励和输入要求简单明了。在整个 DVIF 流程中，静态功耗验证和 PA-SIM 都是强制性的。

本章结语

本章为读者提供了一种综合方法来了解静态功耗验证工具和方法，这些工具和方法基于电源要求，在设计结构上静态地应用一组预定义的功耗感知（PA）或多电压（MV）规则。更确切地说，规则集应用于设计的物理结构、体系架构和微体系架构，结合 UPF 策略，但没有任何外部激励或验证平台的要求。这实际上使得静态功耗验证工具更加简单，并且是验证 UPF 策略各种特征的常用选择（例如 UPF 策略定义正确与否、遗漏或冗余，多电压单元正确与否、遗漏或冗余，UPF 策略存在但单元缺失，反之亦然）。

本章还解释了不仅仅局限于 UPF 策略的静态功耗验证。清单 7.2 是静态功耗验证完整列表的最佳参考。此外，清单 7.4 列出了可以部署该工具的前 5 个信息（即电源域、电源域边界、电源域交叉、电源状态和 UPF 策略），以便从 RTL 开始进行验证。最后两个属性，单元级属性和引脚级属性，是门级网表和电源网表层级的必要信息。7.3 节重新考虑了静态功耗验证工具的库要求和处理技术。本章最后以一个真实的示例结束，分析静态功耗验证结果和报告，以及高效的静态功耗验证异常调试。

参 考 文 献

[1] Khondkar, P., Yeung, P., et al. Free Yourself from the Tyranny of Power State Tables with Incrementally Refinable UPF. DVCon', 2017.

[2] Design Automation Committee of the IEEE Computer Society and the IEEE Standards Association Corporate Advisory Group: IEEE Standard for Design and Verification of LowPower Integrated Circuits. Revision of IEEE Std, 2013, 3, 6: 1801-2009.

[3] Design Automation Standards Committee of the IEEE Computer Society: IEEE Standard for Design and Verification of Low-Power, Energy-Aware Electronic Systems. IEEE Std, 2015, 12, 5: 1801-2015.

[4] Marschner, E., Biggs, J. Unleashing the Full Power of UPF Power States. DVCon', 2015.

[5] Prasad, D., Bhargava, M., Bansal, J., Seeley, C. Debug Challenges in Low-Power Design and Verification. DVCon', 2015.

[6] Bhargava, M., Gairola, P. Power State to PST Conversion: Simplifying Static Analysis and Debugging of Power Aware Designs. DVCon', 2016.

[7] Wei Tu, S., Lin, T., Feng, A., Ping, C. Y. UPF Code Coverage and Corresponding Power Domain Hierarchical Tree for Debugging. DVCon', 2015.

[8] Vikram, V., Awashesh K. S. Cross Coverage of Power States. DVCon', 2016.

[9] Desinghu, P. S., Khan, A., Marschner, E., Chidolue, G. Refining Successive Refinement: Improving a Methodology for Incremental Specification of Power Intent. DVCon' Europe, 2015.

[10] Bhargava, M., Gairola, P. Power State to PST Conversion: Simplifying Static Analysis and Debugging of Power Aware Designs. DVCon ', 2015.

[11] Dwivedi, P. K., Srivastava, A., Vikram S. V. Lets disCOVER Power States. DVCon', 2015.

[12] Khondkar, P. Power aware libraries: standardization and requirements for Questa® Power Aware. Verific. Horiz. J., 2016, 12（3）: 28-34.

[13] Khondkar, P., Yeung, P., Prasad, D., Chidolue, G., Bhargava, M. Crafting power aware coverage: verification closure with UPF IEEE 1801. J. VLSI Des. Verific, 2017, 1: 6-17.

[14] Khondkar, P., Bhargava, M. The Fundamental Power States: The Core of UPF Modeling and Power Aware Verification. Whitepaper at mentor. com, 2016.